돈과 시간이 쌓이는

1일 1분 정리법

돈과 시간이 쌓이는

1일 1분 정리법

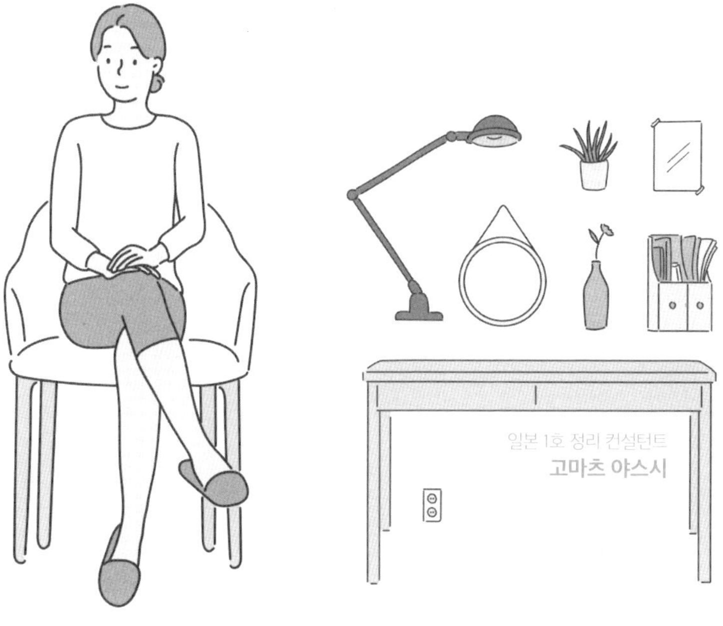

일본 1호 정리 컨설턴트
고마츠 야스시

즐거운상상

프롤로그

1분 정리로 인생이 즐거워진다

2009년경부터 정리 붐이 크게 일면서 텔레비전 프로그램과 잡지, 서점에 '정리'라는 글자가 넘쳐났습니다. 한번쯤 책을 사서 따라해 봤다는 사람도 아마 많을 것입니다. 붐을 일으킨 '정리'의 대부분은 물건으로 포화 상태가 된 장소를 '리셋'하는데 중점을 둔 이른바 '비일상'적인 정리였습니다.

물건이 가득 쌓여있는 방이라면 우선 그 곳을 치우기 위한 정리가 필요한 게 사실입니다. 하지만 아무리 치워본들, 그 장소가 저절로 정리되는 '규칙'이 없다면 금방 원래대로 되돌아가고 맙니다.

물론 어질러질 때마다 몸을 움직여 치우면 깨끗해집니다. 하지만 바쁜 현대인들에게 체력과 정신력, 많은 시간이 필요한 정리를 무한 반복하는 것은 무척이나 힘든 일이지요.

'바쁘지만 조금이라도 주변을 정리하고 싶다'라는 생각으로 이 책을 집어 들었다면 당신은 아주 멋진 생각을 갖고 있습니다. 저는 당신의 시간과 수고를 조금이라도 줄일 수 있도록 돕고 싶습니다.

1분이면 할 수 있는 간단한 정리도 좋아요. 오늘부터 '무작정 정리하기'를 졸업하고 '정리되는' 시스템과 규칙을 만들어보세요.

'정리하기'를 졸업하기 위해 중요한 것.

그것은 '정리 습관'을 몸에 익히는 것입니다.

정리를 잘하는 사람의 정리 동작은 정리가 서툰 사람은 미처 파악하지 못할 정도로 '빠릅니다'. 그렇다고 해서 액션 영화의 전투 장면처럼 알아볼 수 없을 정도로 빠르게 정리를 한다는 의미는 아닙니다.

정리 습관.

그것은 당신이 평소 아무 생각 없이 하고 있는 단 하나의 동작을 바꾸면 익힐 수 있습니다. 그 동작이란 무엇일까요? 물건을 '두는' 동작입니다.

정리를 잘하는 사람은 예컨대 사무실에서 서류를 받으면

그것을 책상 위에 아무렇게나 던져 놓지 않습니다. 받은 서류가 손 안에 있는 동안 재빨리

'1. 처리한다. 2. 보관한다. 3. 버린다.' 중에서 하나를 선택해 곧바로 실행합니다. 마치 기계의 스위치를 켜듯 순식간에 '정리 동작'이 가능한 모드로 전환되는 것이지요. 이 '정리 스위치'를 무의식적으로 켤 수 있게 되면 따로 정리를 할 필요가 없습니다.

정리를 잘하는 사람은 정리 동작이 빠른 것이 아니라 '정리 스위치를 빨리 켜는' 것입니다. 지금 바로 1분만이라도 구체적인 행동을 시작해 보면 어떨까요?

업무 서류, 자료, 마트에서 사온 식재료, 옷, 책, 세탁물, DM(광고 우편물), 길에서 받은 휴지나 화장품 샘플, 그 어떤 것이든 아무렇게나 툭 던져놓기 전에 '정리 스위치'를 켤 수 있다면 어질러질 일이 없습니다.

'정리'는 1분도 걸리지 않는 행동으로 인생이 즐거워지는 가장 쉬운 방법입니다.

일본 1호 정리 컨설턴트

고마츠 야스시

차례

PART 2 지갑처럼 가까운 것부터 시작하기

PART 3 책상 주변 깔끔하게 정리하기

PART 4 부엌에서 정리력 단련하기

PART 5 거실이 깨끗하게 정리되는 시스템 만들기

PART 6 옷장은 여유있게 유지하기

PART 7 리바운드는 정리의 달인이 되는 과정

당신의 '정리 레벨'은?

아래의 질문에 ○ 또는 ×로 답하세요.
○의 수가 몇 개인지에 따라 당신의 정리 레벨이 판정됩니다.
가정편이든 사무실편이든 원하는 것을 골라 테스트해보세요.

가정편

Q1 정리는 하고 싶지만 바빠서 시간이 없다.
Q2 방 정리는 쉬는 날 한꺼번에 하면 된다고 생각한다.
Q3 옷 정리에 서툴고, 입을 옷을 고르는데 시간이 걸린다.
Q4 2년 넘게 '언젠가 입을' 예정인 옷이 있다.
Q5 물건을 일단 어딘가에 놓고 본다.
Q6 방에 세탁물이 쌓여있다.
Q7 '○○는 보물'로 정하고 절대 버리지 못하는 것이 있다.
Q8 방이 정리되어 있지 않아서 가족과 다투게 된다.

사무실편

Q1 사무실을 왜 정리해야 하는지 장점을 잘 모른다.

Q2 사내의 공유 자료가 주위에 쌓여있기 십상이다.

Q3 PC 비탕화면에 아이콘이 세로로 4줄 이상 있나.

Q4 1년 이상 사용하지 않은 서류가 서랍에 3개 이상 있다.

Q5 자신의 책상 위에 서류 더미가 3개 이상 있다.

Q6 필요한 명함을 쉽게 찾지 못한다.

Q7 정리와 정돈의 차이를 잘 모르겠다.

Q8 책상이 어질러져있어 사내에서 화제가 된 적이 있다.

※ 결과는 다음 페이지에 있습니다.

당신의 '정리 레벨' - 결과

자, ○의 수가 몇 개였습니까?
○가 많은 사람에게도, 적은 사람에게도 정리 힌트가 많았을 것입니다. 부디 이 책을 통해 정리 습관을 익히기 바랍니다!

결과 (가정편 · 사무실편 공통)

0~1개

최우수!

정리 습관이 매우 좋음.

2~3개

우수!

어느 정도 정리 습관이 갖추어져 있음.

4~5개

보통!

이 책을 통해 정리 습관을 더 익히세요.

6~7개

약간 문제 있음!

이 책을 통해 정리 습관에 관심을 가져보세요.

8개

상당히 문제 있음!

이 책의 내용을 좌우명으로 삼고 노력하세요.

PART 1

정리는
새로운 나를
만나는 것

Rule 1

인생의 시간 중 90퍼센트는 물건을 찾느라 소모된다

우리는 인생의 시간 중 90퍼센트를 물건 찾는데 쓰고 있습니다. '설마 그럴 리가?'라고 생각한다면 자신의 하루를 잠시 돌아보세요. 아침은 우선 머리맡에서 울리는 알람 시계를 찾는 데서부터 시작됩니다. 그리고 일어나면 바로 한 잔의 물을 마시거나 아니면 목을 축이기 위해 커피나 다른 음료를 선택하지요.

몇 가지 선택지 중에서 답을 찾으려는 과정은 사실 찾는다는 행위입니다. 세수를 하고 우편함에서 신문을 꺼내고 텔레비전을 켤지 음악을 틀지 순간적으로 생각하며 아침식사로

밥을 먹을지 빵을 먹을지 생각합니다. 이렇게 바쁜 아침 습관 속에도 몇 개의 '찾기' 행위가 포함되어 있습니다.

식사가 끝나면, 회사에 가는 사람이든 집안일을 하는 사람이든 그날의 일정에 맞는 옷을 골라 갈아입고 거기에 맞는 화장 컬러를 선택합니다. 회사에 가면 책상에서 컴퓨터를 켜 답변해야 할 메일을 찾고, 작성 중이던 회의 자료를 찾고, 검색으로 데이터를 찾습니다.

이렇게 보면 하루는 찾는 시간의 축적입니다. 생각하고, 조사하고, 선택하고, 판단하고, 이야기하고……. 모든 것이 일과 가사에 없어서는 안 되는 '찾기' 시간입니다.

그것들 중에는 점심 메뉴 선택처럼 즐거운 시간도 있지만 '시간을 낭비하는 찾는 시간'이 있다는 사실도 부정할 수 없습니다. 그것은 바로 물건 찾기! 회사에서도 가정에서도 물건 찾기에 낭비되는 시간을 줄일 수 있다면 하루 중 '찾는 시간'을 단번에 줄일 수 있습니다.

물건을 찾아 헤매지 않는 내 모습, 어떤가요? 냉장고에서 꺼내고 싶은 물건을 얼른 꺼낼 수 있고, 입고 싶은 옷을 얼른 고를 수 있고, 먹고 싶은 것을 얼른 만들 수 있습니다.

정리를 습관화하면 그것이 가능해집니다. 그리고 마침내 양치질처럼 무의식적으로 계속할 수 있게 되는 것입니다. 이 상태가 지금까지 몰랐던 새로운 자신과의 만남입니다. 주변을 정리하면 얻게 되는 장점이 의외로 많습니다.

당신의 1일 물건 찾기 체크

어제 어떤 물건을 찾았는지 생각하고 써 봅시다.

☐ 알람 시계를 찾았다.

☐ 침대 밑의 슬리퍼를 찾았다.

☐ 안경을 찾았다.

☐ 입고 갈 옷을 찾았다.

☐ 스마트폰을 찾았다.

☐ 열쇠를 찾았다.

물건을 찾는데 걸리는 시간이 꽤 많군요!

Rule 2

당신의 정리력과 업무 능력은 연결되어 있다

당신이 회사원이고 영업직이라고 가정해봅시다. 어느 날 아침 제일 먼저 거래처에서 영업부로 전화가 옵니다. 거래처 담당자가 중요한 용건을 말하기 시작하자 당신은 메모를 하기 위해 황급히 펜을 찾습니다.

언제나 책상 위의 연필꽂이에 꽂혀 있던 애용하는 펜…….
그것이 없습니다. 책상 안에 있을 것이라 생각하고 맨 위 서랍을 열어 볼펜을 찾습니다. 약간의 초조함을 느끼며 십여 개나 되는 필기구 중에서 적당한 볼펜을 골라잡고 겨우 상대방의 용건을 적으려고 하는데 이번에는 펜에서 잉크가 나오지 않습니다.

“저, 잠시만 기다려주세요”라며 담당자를 전화기 앞에서 기다리게 하고 다시 필사적으로 펜을 찾습니다. 이래서는 일이 잘 되지 않습니다. 비즈니스 세계에서 상대를 기다리게 하는 것은 금기 사항. 서랍 안이 정리되어 있지 않기 때문에 물건이 필요할 때 쓸 수가 없게 됩니다. 금방 정리될 일도 정리되지 않는 것이지요.

그리고 그런 사람은 집에서도 똑같이 물건을 찾느라 시간을 낭비하는 경우가 허다합니다. 당신은 지친 발걸음으로 귀가합니다. 현관 앞에 즐비한 구두를 헤치고 실내로 들어섭니다. 어수선한 거실 탁자에 광고 전단지를 일단 내려놓고 가방과 벗은 옷을 바닥이나 침대 혹은 소파에 던집니다.

아이가 있는 사람은 아이를 재우고 난 후 장난감이 흩어져 있는 거실에서 한숨을 내쉴 것입니다. 종일의 피로로 인해 제대로 정리할 기력조차 없는 상태이므로 최소한의 집안일만 하고 잠자리에 드는 날들이 이어집니다.

그리고 이튿날 아침. 옷을 갈아입을 때면 옷장 앞에서 한숨을 내쉽니다. 옷장에는 옷이 빼곡하지만 어째서인지 입고 나가고 싶은 옷이 없습니다. '인터넷 쇼핑몰에서 새 옷을 사야지…….' 라고 생각하며 거실 탁자 위의 물건(어젯밤의 DM도 그대로 있음)을 옆으로 치우고 식사를 합니다.

이제 일하러 나가야지 생각하는데, 가족들이 이것이 없네, 저것이 없네, 하며 분주합니다. 여유도 없고 어질러진 집안을 보니 짜증이 납니다.

"빨리 해!" 자기도 모르게 큰 소리로 야단을 치고 맙니다. 외출 직전에는 열쇠를 찾느라 헤매고, 막상 출근해서도 역 개찰구 앞에서 가방 밑바닥에 깔려 있는 교통 카드를 찾느라 부스럭댑니다.

항상 주변이 정리되지 않은 채 너저분하면 물건을 활용하지 못하는 현실이 습관화됩니다. 그리고 습관적으로 물건을 잃어버리거나 소중한 기회를 놓치게 되고 이유 없이 짜증을 내거나 자신감을 잃어버리는 등의 일이 생깁니다.

책상 주변의 상태나 집안의 상태와 업무의 질은 서로 연결되어 있습니다. 책상이 항상 깔끔하게 정리되어 있는 사람은 업무 속도가 빠르고 배려할 줄 알며 인간관계도 원활합니다.

"치우고 싶은 생각은 굴뚝같지만 바빠서 부담이 크다."

“치워도 금방 어질러진다. 다시 정리할 시간도 없이 질질 끌며 이 지경까지 오게 되었다.”

그런 사람이야말로 반드시 익혀야 하는 것이 다음 항목에서 설명하게 될 정리의 ‘스위치’를 습관화하는 방법입니다.

Rule 3

'정리 스위치'를 습관화하면 정리를 졸업할 수 있다

회사의 정리 컨설팅을 하다보면 절실히 느끼는 것이 있습니다. 그것은 '정리가 잘 되어 있는 사무실에는 정리가 '시스템화' 되어 있다'라는 것입니다. 이를테면 소모품을 두는 장소가 확실히 정해져 있고 재고는 한눈에 알 수 있게 쌓여있습니다. 재고가 몇 개 남는 지점에 이르면 '이 카드를 총무팀 ○○ 씨에게 가져다주세요'라는 카드가 나타나고 그것을 보게 되는 사람은 그 카드를 ○○ 씨 책상에 놓아둡니다. 총무팀 ○○ 씨는 정해진 개수를 발주합니다.

○○ 씨는 소모품 재고 관리나 정돈에 시간을 빼앗기지 않

고 스트레스도 받지 않습니다. 또한 이 시스템 덕분에 재고량을 항상 적절하게 유지할 수 있으므로 넘쳐나는 복사 용지 박스가 통로를 막는 따위의 일은 일어나지 않습니다.

이것은 가정에서도 마찬가지입니다. 그 집 나름대로의 혹은 그 사람 나름대로의 적절한 '정리 습관'이 있으면 '정리'를 최소화할 수 있습니다. 개인이 가져야 할 정리 습관 중 가장 중요한 것은 무엇일까요?

그것은 물건을 둘 때의 습관입니다.

정리를 잘하는 사람과 정리가 서툰 사람의 가장 큰 차이는 바로 '물건을 둘 때의 행동'에서 나타납니다. 정리를 잘하는 사람은 물건이 생기면 '공중전'을 합니다.

예컨대 우편함에 들어 있는 광고 전단지를 손에 들었을 때 당신은 어떻게 하나요? 정리를 잘하는 사람은 절대로 그것을 현관이나 거실 탁자 위에 아무렇게나 툭 던져놓지 않습니다. 광고 전단지를 손에 든 상태로, 물건을 정리하는 기본 동작인

1. 처리한다.

2. 보관한다.

3. 버린다.

세 가지 중 하나를 선택하고 바로 행동에 옮깁니다.

행사 참석 여부를 묻는 서류처럼 즉시 적을 수 있는 것은 그 자리에서 처리합니다. 지금 할 수 없다면 처리 중인 서류의 일시 보관 장소에 둡니다. 세금 고지서처럼 보관이 필요한 것은 파일 등의 보관 장소로, 필요 없는 것은 쓰레기통에 버립니다. 물건을 손에 들면 그 물건의 행선지를 머릿속에서 계산하는 습관이 만들어져 있는 것입니다.

한편 정리가 서툰 사람은 '지상전'을 벌입니다. 일단 어딘가 놓은 뒤 행선지를 결정합니다. 하지만 한번 아무렇게나 놓았던 물건을 금방 치우는 경우는 극히 드뭅니다. 대개는 그 상태에서 다른 물건이 위에 쌓여 '산'이 되고 산은 이어져 '산맥'이 되지요. 심한 경우에는 바닥에 놓여 '해저 화산'이 되어갑니다.

앞에서 말했던 정리의 동작, 즉 '정리되는 동작'에 들어가려면 어떻게 해야 할까요? 저는 그것을 '정리 스위치'라고 부르는데, 정리 모드 아니 '정리되는 모드'로 재빨리 바꾸려면 어떻게 해야 할까요?

저는 ‘정반대 행동’을 추천합니다. ‘정반대 행동’이라니? 지금까지 가지고 있던 자신의 나쁜 습관을 찾아 그 반대의 행동을 해보는 것입니다.

예컨대 지금까지 현관의 신발을 가지런히 놓지 않았다면 앞으로는 꼭 가지런히 정리해보세요. 아침에 신문을 대충 적당한 장소에 두었었다면 정해진 장소에 치웁니다. 아주 작은 것이라도 좋으니 시작해봅시다.

Rule 4

'정반대 행동'을 습관화하자

'정반대 행동'을 계속하는 데에는 두 가지 의미가 있습니다. 첫 번째는 방을 깨끗하게 할 수 있다는 것이고, 두 번째는 '정리 습관'을 훈련할 수 있다는 것입니다. 근육 훈련을 습관적으로 계속하면 근육이 붙어 멋진 사람이 될 수 있듯이 정반대 행동을 습관적으로 계속하면 '정리 근육'이 붙어 정리를 잘하는 사람이 될 수 있습니다.

정리 컨설팅을 할 때 저는 21일간(7일×3주) 일정한 행동을 계속하도록 시킵니다. 하나의 행동이 습관이 되려면 21일이 걸린다는 설에 근거한 것이지요. 단 1분이면 할 수 있는 간단한 정리도 괜찮습니다. 이를테면 출근 전에 신문을 지정된 위치에 정리하는 것도 평소에 항상 아무 곳에나 두던 사람에게는 힘든 일입니다.

하지만 그 행동을 매일 계속함으로써 예상치 못한 결과가 나타나고, 정신적인 면에서 반드시 변화가 생깁니다. 그 변화가 바로 중요합니다. 늘 어질러져 있던 신문이 깔끔하게 접혀있습니다. 집에 돌아와서 그것을 보면 기분이 좋아지고 집안일을 재빨리 시작할 수 있게 됩니다. 생활 속에 리듬이 생겨 정리를 위한 의욕이 더욱 솟아오릅니다.

'정반대 행동'을 하기 위해서는 우선 자신의 행동을 관찰하는 것이 중요합니다. 정리가 서툰 사람에게는 오래된 나쁜 습관이나 버릇이 있게 마련이지요. 자신을 관찰해 그것을 알아내고 인정하고 '정반대 행동'이 무엇일지 고민해보세요. 그것을 32쪽의 표를 참조하여 적어보세요.

'현관에 신발이 잔뜩 나와 있다', '부엌이 뒤죽박죽이다', '책을 읽다가 치우지 않고 그대로 펼쳐 놓는다', '입고 싶은 옷을 찾기가 어렵다' 등의 나쁜 습관을 깨달은 사람은 '정반대 행동'을 어떻게 하면 계속할 수 있을지 고민하고 실천에 옮겨보세요.

하지만 워크숍 등에서 이를 적어내라고 하면 “정리를 잘 못하기 때문에 모든 것이 나쁜 습관이고 버릇처럼 느껴져 스스로를 관찰할 마음조차 생기지 않아요”라고 말하는 사람이 있습니다.

그럴 경우에는 ‘잘 하고 있는’ 부분부터 인정해보세요. ‘탁자 위만큼은 아무것도 없다’, ‘신문은 구독하지 않으므로 어질러질 일이 없다’, ‘스마트폰의 홈 화면만은 정돈되어 있다’ 등. 나쁜 습관이나 버릇을 파악할 때는 자신의 좋은 점을 인정한 후에 하면 더 효과적입니다.

당신이 정리하지 못하는 원인은 무엇일까?

나쁜 습관이나 버릇(좋은 습관도 OK)을 써보세요.
'자기도 모르게 하는 행동'을 아는 것이 '정리 습관'을 익히는 길입니다.

분야	나의 잘못된 점(나의 장점)
쇼핑	사 놓고는 쓰지 않고 쌓아둔다.
세탁	세탁한 그대로 방치한다.
세탁	개면 즉시 옷장에 넣는다.
DM	즉시 버린다.

Rule 5

정리에 서툰 3가지 유형

정리 습관을 몸에 익히기 전에, 정리에 서툰 사람은 우선 집을 리셋하는 정리를 해야겠다고 생각하는 경우가 있습니다. 정리가 서툰 사람의 유형은 여러 가지입니다.

그동안 많은 개인 고객을 만났는데 정리가 서툰 유형은 크게 나누어 '전', '중', '후'의 3가지로 나눌 수 있습니다.

'전'이란 시작도 하기 '전'에 실패하는 유형. 이 유형의 입버릇은 '언젠가 한다'입니다. 하지만 애석하게도 그 '언젠가'가 실현될 가능성은 거의 없습니다. 지금 하지 않는 사람에게 '언젠가'는 영원히 오지 않기 때문입니다. 도저히 지금 당장 시작하지 못하는 사람이라면 '○월 ×일 △시부터'라고 구체적인 시간을 정하고 스스로 선언해보세요. 지금 당장, 단 1분만이라도 구체적인 행동을 시작하는 것입니다.

'중'은 어렵사리 시작했지만 도중에 좌절하기 쉬운 유형입니다. 정리를 시작하기는 했지만 버리는 단계에서 '아깝다'고 단념해버리기도 합니다.

요즘 시대에 친환경적인 태도가 상식이기는 하지만 그것은 '쓸 수 있는 물건'에 한정된 얘기입니다. '언젠가 쓸 수 있을지도 모른다'라는 생각에 뭐든 수중에 갖고 있으려 하지 말고 지금 효과적으로 사용할 수 있는 '공간'을 더 소중히 여기세요. 불필요한 것은 깨끗이 버리세요.

'후'는 일단 치워서 깔끔하게 해놓지만 유지가 불가능한 유형입니다. "힘들게 정리했는데, 왜 다시 어질러지는 것일까?"라는 말을 입버릇처럼 하고, 자기도 모르는 무자각적인 행동이 나오기 십상입니다.

집에 돌아가 현관문을 열자마자 광고 전단지를 아무 생각 없이 신발장 위에 놓아둡니다. 재킷을 벗어 아무 생각 없이 의자 등받이에 걸어둡니다. 그렇게 '아무 생각 없이' 하는 행동이 버릇처럼 되어 버린 것입니다.

이런 유형의 사람은 자신의 나쁜 버릇을 의식하고 바꾸어 가는 것이 중요합니다. 자신이 무의식적으로 취하는 행동을 체크하고 그것을 고치는 것부터 시작해보세요.

당신은 '전', '중', '후' 중 어느 유형인가요?

정리되지 않는 데는 이유가 있습니다. 왜 정리되지 않는 것일까요? 자신의 유형을 알고 서툰 정리 습관을 극복해보세요.

전 시작하지 못한다.

중 잘 되지 않는다.

후 금방 다시 어질러진다.

Rule 6

나만의 '정리 규칙' 만들기

저는 '정리의 기본'을 부모님에게 배웠습니다. 초등학교에 들어갈 무렵부터 어머니에게 "꺼냈으면 꺼낸 채 그대로 두지 말아라!"라는 말을 자주 들었습니다. 생활 속에서 부모가 자녀에게 정리를 가르치는 것은 중요한 가정 교육입니다.

"그림책을 한 권 읽었으면 두 번째 책을 꺼내기 전에 첫 번째 책을 치워라. 그러면 어질러지지 않고 너도 편할 거야."

그렇게 가르쳐주신 어머니의 말은 결국 나에게 작은 버팀목이 되어 주었고, 집안은 깨끗하게 정리하는 것이 좋다는 생각을 갖는 계기가 되었습니다.

인풋과 아웃풋은 세트로 움직인다. 이것은 격언입니다. 그런데 저도 최근까지 깨닫지 못한 것이 있었습니다. 사실 그때까지 항상 자신에 대한 인풋에 필사적이었습니다. 정보를 무조건 받아들이려고만 했고 인-아웃의 균형을 잃고 있었지요.

그런데 어떤 사람이 이런 말을 해주었습니다.

“정보를 너무 많이 입력하면 기분이 나빠져요. 그래서 저는 출퇴근하는 전철에서는 최대한 아무것도 안 해요. 멍하니 뇌를 쉬게 하는데 전념합니다.”

입력을 너무 많이 하면 터집니다. 그렇습니다! 정리와 마찬가지로 정보도 꺼내기만 해서는 좋지 않습니다. 그렇다고 집어넣기만 하면 스트레스가 쌓입니다. ‘넣었으면 꺼낸다, 꺼냈으면 넣는다’. 삶의 방식도, 정리도 이것이 기본입니다.

그밖에도 여러 가지 자기만의 ‘기본 규칙’을 정해두면 좋은 ‘정리 습관’을 만드는데 도움이 됩니다. 당신도 자기만의 규칙을 정해보세요.

당연히 할 수 있을 것 같지만 많은 사람이 하지 못하는 구체적인 사례를 들어보면 다음과 같습니다.

1. 읽은 책을 정해진 자리에 둔다.
2. 사용한 컵을 부엌에 갖다놓는다.
3. 외출 후 돌아오면 신발을 가지런히 정리한다.
4. 벗은 옷을 옷장에 넣는다.
5. 세탁물을 세탁 바구니에 넣는다.

스스로 만드는 '정리 규칙' 5가지

1.

2.

3.

4.

5.

Rule 7

정리 선언 카드로 동기 부여하기

정리하는 것 자체는 어려운 일이 아닙니다. 누구라도 시작할 수 있지요. 하지만 바쁘기 때문에 '언젠가 한다'라며 계속 미루기 쉽습니다. "이번 이벤트가 끝나면 시작하자"라든가 "다음 주 회의가 끝나면 착수할 수 있다"라며 당장 행동에 옮기지 않는 것을 무의식적으로 정당화하는 경우가 있습니다.

누구에게나 정리는 우선순위의 뒤쪽에 두는 경향이 있는 것 같습니다. 하지만 그래도 괜찮을까요? 지금까지 '○○가 끝나면'이라고 생각했던 정리를 그 ○○가 끝남과 동시에 시작한 적이 있나요? 오히려 그 반대가 아닐까요?

○○가 자기에게 중요한 일이었다면 더욱 더 '하루 쉬고 난 후 해도 좋지 않을까?'라고 생각하기 쉽습니다. 결국 정리는 뒷전으로 밀려나고 맙니다. 그래서 정리의 시작은 소리 내어 선언하는 것이 제일 좋습니다.

"나, 정리한다!"라고 선언함으로써 자신을 행동하게 만드는 것입니다. 누군가에게 알리는 것이 쑥스럽다면 휴대폰 문자로 스스로에게 선언해도 좋습니다.

어쨌든 자신의 결의를 공표할 것.

그 효과는 세 가지입니다.

1. 주변 사람이 당신을 '정리하는 사람'으로 인식한다.
   → 응원해준다.
2. 스스로 자신을 '정리하는 사람'으로 인식한다.
   → 후퇴할 수 없게 된다.
3. 자신을 한 단계 위의 사람으로 만든다.
   → 결의가 의욕을 불러일으킨다.

저는 '정리 세미나'에서 44페이지와 같은 '정리 선언 카드'

를 기입하도록 합니다. 기입란에는 이름, 정리 선언문, 그리고 가장 중요한 '완성 이미지'를 적는 칸이 있습니다. 그 상태를 머리에 각인시키는 것입니다.

사람은 선언함으로써 선언하지 않았을 때보다 몇 배의 결과를 이끌어냅니다. 비록 계획대로 되지 않더라도 말입니다.

자, 다음 장부터 바로 정리를 시작해보세요!

정리 선언 카드

이 름 ____________________

나 는 ______ 월 ______ 일 ( )

: (AM/PM)에서

: (AM/PM)까지

장 소 ____________________ 의

주요 아이템 ____________________ 를

(정리, 정돈) 하겠습니다.

끝난 후의 상태는

보상

참 잘했습니다!

point

정리 스위치를 켜보자!

왠지 인생이 잘 풀리지 않는다고 생각될 때에는
주변 정리를 추천합니다.
뭔가 계기를 발견하게 될 것입니다.
초조해하지 말고, 서두르지 말고 일단 해 보세요!

'자신을 바꾼다'고 하면 어렵게 느껴지지만
'물건을 두는' 단 하나의 동작을 바꾸는 것일 뿐이므로
바쁜 사람에게도 적극 추천합니다.

PART 2

지갑처럼
가까운 것부터
시작하기

Rule 8

지갑을 보면
당신의 방 상태를 알 수 있다

당신이 부지런히 정리하는 사람인지 아닌지는 지갑을 보면 금방 알 수 있습니다. 그동안 수천 명의 고객을 지켜본 나의 경험상, 지갑이 불필요한 카드류로 불룩한 사람은 집안도 필요 없는 물건으로 넘쳐나는 경우가 많습니다.

지갑은 당신의 집이나 방의 축소판입니다.

좀 더 자세히 말하자면

1. 당신의 지갑 속

2. 당신의 머릿속

3. 당신의 일상

이 세 가지는 서로 연관되어 있습니다.

그렇다면 여기서 질문. 1, 2, 3 모두가 어수선하고 깔끔하지 않은 상태라면 당신은 1, 2, 3 중 무엇부터 정리를 시작하면 좋을까요?

제가 추천하고 싶은 것은 1. 당신의 지갑 속입니다. 이유는 매우 간단합니다. 가장 빠른 결과가 나오기 때문입니다. 정리의 습관화를 시작하기 위해 우선 지갑 속을 정리하세요. 집이나 방에 있는 수납 공간을 포함해 하루 중 물건을 가장 많이 넣고 빼는 것(수납 공간)은 지갑이 아닐까요?

잘 정돈된 날씬한 지갑을 가지고 있는 사람은 첫인상이 좋고 올바른 생활습관을 가지고 있을 확률이 높습니다. 세련되고 지적이고 행복한 이미지가 엿보입니다. 반대로 지갑이 빵빵하고 불룩하면 모서리도 해지기 쉽고 생활감이 많아보이지요. 자기도 모르게 '자신의 일상'을 노출하는 모양새가 됩니다.

'사람은 겉모습으로 90퍼센트를 알 수 있다'라는 이야기가 있습니다. 저는 '사람은 지갑의 겉모습으로 90퍼센트를 알 수 있다'라고 생각합니다. 깔끔하지 않은 지갑을 아무렇지

영수증 5,000
50% OFF
POINT

않게 들고 다니는 사람은 머릿속도 생활 자체도 정리되지 않는 경우가 많습니다.

쇼핑을 하거나, 식사를 하거나, 지하철 역 등에서 포인트 카드나 할인 쿠폰 등을 받는 경우가 많아졌습니다. 가벼운 마음으로 분별없이 받다보면 지갑은 눈 깜짝할 사이에 불룩해집니다.

필요 없는 것이 가득 담긴 지갑에는 돈과 행운이 끼어들 여지가 없습니다. 깔끔하게 정리하여 금전운도 행운도 인생운도 좋은 기운으로 채워보세요.

Rule 9

영수증 정리는 내일로 미루지 않는다

자, 다음 질문입니다. 당신은 집으로 돌아간 후 지갑을 어디에 두나요? 지정된 위치가 있나요? 저는 등나무로 만든 바구니에 지갑을 보관합니다. 외출하고 돌아오면 몸에 지니고 있던 지갑, 스마트폰, 손목시계 순으로 꺼내 바구니 안에 함께 둡니다.

당신도 가방을 보관할 때 지갑을 꺼내 지정된 위치에 두나요? 핵심은 하루 동안 늘어난 물건들을 모두 꺼내는 작업을 매일 하는 것입니다. 저는 지하철 역에서 교통카드를 충전할 때 영수증을 꼭 받는데, 그것도 그 날 지갑에서 꺼내

'오늘의 경비'라는 이름표를 붙인 자바라식 파일의 '오늘' 칸으로 옮깁니다.

이렇게 지갑 속에 물건이 쌓이지 않는 시스템을 만들어두면 매일 시간을 조금만 내도 지갑을 정리할 수 있습니다. 시스템이란 '치우고 싶다'라는 생각을 실현하는 방법입니다.

어느 방송 프로그램에서 신발 안창에 그린 일러스트가 좌우 대칭으로 되어 있는 어린이용 운동화가 소개된 적이 있습니다. 아이가 즐겁게 신발을 정리할 수 있도록 만든 아이디어 상품이지요.

정리의 습관화에는 목적의식과 시스템이 필요합니다. 이 운동화에는 훌륭한 시스템이 갖춰져 있다는 생각이 듭니다. 이런 시스템이 있으면 정리의 습관화가 매우 자연스럽게 이루어집니다.

한 여성 고객은 '양치와 세안이 끝난 후 바로 세면대를 닦아 청소한다'는 습관을 들이고 싶어했습니다. 그래서 과감하게 칫솔 손잡이에 매직펜으로 '닦기'라고 적어 '잊어버리지 않는 시스템'을 고안해냈습니다.

어릴 적 '내일의 준비물'을 손에다 직접 볼펜으로 썼던 기억이 떠올랐습니다. 그녀의 강한 목적의식이 그런 심플하고 과감한 시스템을 만들어낸 것 아닐까요? 그렇다면 목적의식을 강하게 가지려면 어떻게 해야 할까요? 강한 목적의식은 때때로 자기 주변이 어수선해서 느끼게 되는 부정적인 심리에서 생겨나기도 합니다.

영수증뿐만 아니라, 한동안 정리하지 않았을 때의 마음을 다음 페이지에서 함께 생각해봅시다.

정리하지 않았던 날의 마음은?

한동안 정리할 수 없었을 때의 마음을 떠올리며 써봅시다.
어떤 나쁜 일이 있었습니까?

- 불안하고 몸과 마음이 편하지 않다.
- 주의가 산만하고 짜증이 난다.
- 움직이기 싫어진다.
- 물건에 부딪치거나 밟게 되어 위험하다.
- 치워야한다는 마음이 밀려든다.
- 물건을 찾느라 시간을 빼앗긴다.
- 물건을 찾지 못해 어쩔 수 없이 같은 물건을 여러 번 산다.
- 야근이 늘어난다.
- 집에 친구를 초대할 수 없다.

Rule 10

나답게 살고 싶다면 지갑 정리부터

그럼 지갑 정리부터 연습해봅시다.

모든 정리에 해당되는 말이지만 정리의 기본은 '정리의 4단계'입니다.

1. 꺼낸다.
2. 분류한다.
3. 줄인다.
4. 보관한다.

한번 따라 해 보세요. 소요시간은 5분에서 10분입니다.

평소에 쓰고 있는 지갑을 책상 위에 올려놓습니다.

STEP 1 꺼낸다.

지갑 안의 돈(지폐와 동전), 카드, 회원증, 영수증 등을 지갑에서 모두 꺼냅니다.

STEP 2 분류한다.

카드와 회원증은 '1개월 이내'에 쓴 것과 쓰지 않은 것으로 나눕니다. 할인권은 기한이 남아 있는지의 여부에 따라, 그 밖의 것은 사용 여부에 따라 나눕니다.

STEP 3 줄인다.

전 단계에서 분류한 불필요한 것들을 처분합니다.

STEP 4 보관한다.

지폐, 동전, '1개월 이내'에 사용했던 카드, 회원증, 기한이 남아 있는 '사용 가능한' 할인권 등을 지갑 속에 다시 넣습니다. 필요한 영수증만 정해진 '영수증 함'에 옮겨 넣습니다. '영수증 함'이 없다면 당장 만들어보세요. 저는 자바라식 클리어 파일을 쓰고 있는데, 쓰기 편한 것이라면 무엇이든 괜찮습니다.

자, 정리의 기본에 따라서 지갑을 정리해보니 어떤가요? 깔끔해진 것을 보니 다른 것도 더 정리하고 싶다는 마음이 생기는 사람도 있을 것입니다. 아주 좋은 결과입니다. 정리 스위치가 확실하게 당신의 마음속에 세팅된 것입니다.

저는 '정리'에 다음의 세 가지 의미를 부여합니다. 각각의 의미를 하나씩 생각해보면 정리의 넓은 의미를 깨달을 수 있을 것입니다.

첫째, 매사를 리셋하고 매듭짓는 것입니다. 다음 단계로 넘어가기 위해 하나의 단계를 매듭짓고 새롭게 출발하는 것이지요.

둘째, 주위 환경을 더 좋게 만들기 위해 자신의 습관, 그것을 지탱하는 시스템과 규칙을 만드는 것입니다.

셋째, 보다 자기다운 라이프 스타일과 업무 스타일을 찾고 새로운 인생을 시작하는 삶의 방식을 만드는 것입니다.

인생을 리셋하고 매듭지으며 습관과 시스템이나 규칙을 만들고 자기답게 생활하는 것. '정리'는 1분도 걸리지 않는 간단한 행동으로 인생을 행복하게 바꾸는 가장 심플하고 일상적인 방법입니다.

Rule 11

필요 없는 카드는 받지 않는다

"무료로 등록해드립니다"라는 점원의 권유로 아무 생각 없이 그 가게의 회원이 되고 말았습니다. 바로 얼마 전에 있었던 일인데, 그 결과 저는 다음과 같은 것을 받게 되었습니다.

1. 회원증 (플라스틱으로 다소 화려하게 만든 것)
2. 회원 규칙
3. 회원 안내서 (포인트로 받을 수 있는 선물을 사진과 함께 소개)

상당히 마음에 드는 가게였지만 나중에 생각해보니 기껏해야 1년에 몇 번 손에 꼽을 정도밖에 이용하지 않을 것이 뻔해 포인트가 별로 쌓이지 않을 것 같다는 생각이 들었습니다.

이런 작은 것들을 여러분은 어떻게 보관하나요? 저는 보통

1. 회원증은 '멤버스 카드용' 홀더행

2. 회원 규칙과 3. 회원 안내서는 '설명서 관련' 파일행

으로 정해두고 있는데, 이번에는 미련 없이 버렸습니다. 지갑에 들어 있는 여러 장의 카드는 정말로 매일 가지고 다녀야만 하는 것일까요? 그 점에 관해서는 항상 스스로 빠르게 판단하는 연습을 하세요. 가능하면 30초 이내에 판단하도록 합니다.

판단의 기준은 '지난 1개월 동안 사용했는가?'입니다.

그 기준에 맞춰 1개월 이내에 사용한 '1군' 카드와 1개월 넘게 쓰지 않는 '2군' 카드로 나눕니다. '2군' 카드가 지갑에 쌓이면 지갑이 불룩해집니다.

'2군' 중에서도 전혀 쓰지 않는 불필요한 카드에 연회비를 내는 경우가 있습니다. 어떤 서비스에 현혹돼 회원 가입은 했지만 그 후로 가게에 전혀 가지 않는 경우도 있습니다. 그럴 때야말로 자신의 생활 습관을 주의 깊게 살펴볼 기회입니다. 왜 필요 없는 카드를 모으게 되었는지 자신의 행동을 돌아보고 냉정하게 체크해보세요.

그래도 버려야겠다는 판단이 서지 않는 '2군' 카드는 카드 보관함을 준비해 옮겨둡니다. 만일 필요해지면 그날만 지갑에 넣고 나가면 되니까요. 지갑에 보관하는 '1군' 카드는 사용 빈도가 높은 순서대로 앞쪽에 넣어둡니다.

카드 사용 빈도로 나누어보자

마지막으로 사용한 날을 떠올려보고 리스트에 체크하세요.
기억이 나지 않는 것은 모두 '2군'으로.

	카드명 예) 슈퍼마켓의 포인트 카드	1개월 이내 사용	1개월 전 사용
1	A 카드	✓	
2	B 카드		✓
3	C 카드		✓
4	D 카드	✓	
5			

⇩ 1군

⇩ 2군

Rule 12

동선 계획을 잘 세우면 5분 만에 외출 준비 끝

지갑에 불필요한 것을 쌓아 두지 말고 꺼내야 할 것은 꺼내도록 합니다. 손이 자연스럽게 움직이게 될 때까지 며칠 계속해보세요. 치우는 행위는 '정리'와 '정돈'으로 이루어집니다.

'정리'는 물건을 줄이는 것입니다.

'정돈'은 물건을 사용하기 쉬운 상태로 만드는 것입니다.

두 가지 모두 익숙해지면 잘하게 됩니다. 지갑을 놓아두는 지정된 위치가 정해져 있지 않은 사람은 항상 지갑을 찾아 헤맵니다.

지갑뿐만이 아닙니다. "열쇠를 못 찾겠어", "휴대폰이 없어", "안경이 보이지 않아"라며 항상 뭔가를 찾고 있습니다.

이런 유형의 사람은 물건을 두는 지정된 위치가 없다는 것이 결정적인 함정입니다. 언제나 물건을 찾아 헤매고, 쓰고 나서는 다 쓴 물건을 또 어디에 둘 것인지 그 장소를 찾고, 그리고 다시 사용할 때에는 찾는 일부터 시작해야 하지요.

언제나 즉흥적으로 떠오르는 장소에 두기 때문에 사용할 때 기억이 나지 않는 것입니다. 정리가 서툰 사람들은 이처럼 항상 두 번 일을 하게 됩니다. 정리를 잘하는 사람보다 몇 배나 시간을 낭비하는 것이지요.

물건을 두는 지정된 위치를 정하고 외출 목적별로 정리해 두면 나갈 준비를 하는데 많은 시간이 걸리지 않습니다.

직장의 경우라면 어떨까요? 비즈니스 도구를 지정된 위치에 두지 않는 사람은 무엇을 하든 동료보다 한두 발짝 늦습니다. 속도감이 없는 사람은 정보 정리 능력도 낮다고 말하지 않을 수 없지요. 이렇게 되면 상사와 동료들의 신뢰를 얻기 힘듭니다.

반대로 공적이든 사적이든 준비가 잘 되어 있는 사람에게는 운 좋은 정보와 만남이 찾아듭니다. 비즈니스 가방에는 명함집, 업무용 파일, 교통카드 지갑, 스마트폰 등이 정리되어 있고 라커룸에는 갑작스러운 초대나 경조사에 대비해 정장 세트가 있으며 액세서리, 스카프 등이 조금 화려한 기방에 들어있습니다.

그런 사람은 퇴근 준비도 신속하게 할 수 있어 5분 정도면 충분합니다.

스스로 만드는
'지갑과 소지품 정리 규칙' 5가지

1.

2.

3.

4.

5.

Rule 13

가방에 얼굴을 들이밀지 않아도 되는 정리 기술

지갑과 마찬가지로 가방도 당신 자신의 생활을 보여줍니다. 큰 가방에 마치 머리를 쑤셔 넣듯이 하고 물건을 찾는 여성을 본 적이 있습니다. 그런 모습은 주변 사람들에게 좋은 인상을 주기 어렵습니다. 지갑 정리를 잘할 수 있게 되었다면 가방도 정리해보세요.

적어도 일주일에 한 번은 가방 안을 정리하는 것이 좋습니다. '꺼내기', '분류하기', '줄이기', '보관하기'라는 정리의 4단계는 지갑과 동일합니다.

평소 사용하는 가방을 준비하세요. (※ 가방 A라고 함.)

STEP 1 꺼낸다.
가방 속의 내용물을 탁자 위에 모두 꺼냅니다.

STEP 2 분류한다.
'전혀 쓰지 않는 것' 또는 '아무 생각 없이' 들고 다니던 것을 모두 버리세요! 예를 들자면 화장품 샘플이나 팸플릿 등이 있습니다.

STEP 3 줄인다.
버릴 수 있는 것은 과감하게 버립니다.

STEP 4 보관한다.
STEP 1과 다른 가방을 준비합니다. (※가방 B라고 함.) 가방 A를 정리하면서 남기기로 한 것을 가방 B에 넣습니다.

가방을 열었을 때 무엇이 어디에 들어있는지 한 눈에 볼 수 있는 상태가 가장 좋습니다. 이를테면 몇 개의 자그마한 파우치에 화장품, 필기 도구, 디지털 카메라 등의 용도별 아이템을 나누어서 넣어 두면 좋습니다.

파우치를 쓰기 싫은 사람은 어떤 방식으로든 자신이 쓰기 편하도록 자체적으로 연구해보세요. 내용물이 보이는 파우치를 사용하거나 시판되고 있는 '백 인 백'이라는 훌륭한 '장비'를 사용하는 것도 편리합니다.

여성용 가방은 안에 칸막이가 없는 경우가 많기 때문에 정돈하기가 쉽지 않습니다. 매일 입고 나가는 옷에 맞춰 가방을 바꾸는 사람도 많을 것입니다. 그럴 때 '백 인 백'은 매우 편리합니다. 남성용도 있어요.

실천해보니 어떤가요?

정리하기 전의 가방 상태와 비교하면 상당히 깔끔해졌을 것입니다. 불필요한 것이 무엇인지 돌아보는 행위는 그것을 가방에 넣은 자신의 행동 자체를 돌아보는 계기가 되기도 합니다.

가방 안의 내용물을 간단하게 옮기면서 나에게 불필요한 것이 무엇인지 돌아보세요. 이렇게 간단하고 가까운 것부터 시작해 정리를 습관화해보세요.

부스럭 부스럭
꺼낸다.
필요해!
필요 없어!
줄인다.
ハワイ
분류한다.
보관한다.
다른 가방에!

Rule 14

지갑이 깔끔하면 '정리 스위치'가 켜진다

베테랑 주부가 진지하게 이런 말을 한 적이 있습니다. "지갑을 깔끔하게 정리하면 신기하게도 돈이 들어와요." 가방도 마찬가지입니다.

깔끔하게 정리된 비즈니스 가방을 들고 다니는 여성을 사람들은 신뢰하고 인정합니다. 정리 능력이 있는 사람은 판단력이나 사무 처리 능력도 뛰어나다고 생각하고 있기 때문입니다.

무엇을 버리고 무엇을 남길 것인가. 그 판단을 할 수 있는 사람은 자기 일에도 우선순위를 매길 줄 압니다. 우리는 일상

생활에서 상점 카드를 비롯해 다양한 것들을 받게 됩니다.

또한 기혼이든 미혼이든, 자녀가 있든 없든 상관없이 가족, 업무, 취미, 친구 관계 등 다양한 상황 속에서 해야 할 일이 산더미처럼 많습니다.

그에 따라 소지품도 많아집니다. 그리고 문득 정신을 차리고 보면 온갖 것을 들고 다니느라 정작 소중한 것은 잃기 쉽습니다. '정리는 생활의 자기 점검'이기도 합니다.

자신을 둘러싸고 있는 물건들과 마주하고 정말로 소중한 것이 무엇인지를 가려내는 작업입니다. 지갑이나 가방을 정리하고 자신의 주변 환경을 정돈하면 스스로 내일을 어떻게 보내고 싶은지 자연스럽게 알게 됩니다.

잘 정리된 가방을 들고 다니는 사람에게는 새로운 일이나 즐거운 정보, 새로운 인간관계를 가져다주는 기회가 날아듭니다. 그 이유는 간단합니다. 정리를 잘하는 사람은 자신이 어떤 생활을 하고 싶은지 목표 이미지를 가지고 있기 때문입니다. 목표를 정하고 달리는 사람은 주위 사람들이 지원해줄 확률이 높습니다.

정리의 달인은 삶에서도 달인입니다. 정리는 실행하고 결과를 얻을 때라야 비로소 의미가 있습니다. 성공 체험 여부가 다음의 정리를 위한 동기 부여를 강화하는 열쇠가 됩니다.

자연스럽게 '정리 스위치'를 켜기 위해서라도 가장 가까운 곳에서부터 시작하는 것이 좋습니다. 그리고 정리를 '프로젝트'라고 자기 안에서 규정하는 것입니다. 도중에 좌절하지 않도록 지속적으로 동기 부여를 해 보세요.

보인다! 보여!
GOAL

point

조금만 정리해도 기분이 좋아져요!

먼저 지갑과 가방을 정리해 보았습니다.

어떤가요?

잘 정리된 지갑과 가방을 가진 사람에게는

돈이나 기회가 굴러 들어옵니다.

정리를 통해 주변 환경을 정돈하면

자신이 앞으로 어떻게 살고 싶은지

자연스럽게 알게 됩니다.

사람들은 그런 목표 이미지를 가진

사람을 응원할 확률이 높습니다.

PART 3

책상 주변 깔끔하게 정리하기

Rule 15

책상 주변은 당신의 성역이다

일하는 여성은 가정뿐만 아니라 직장에서도 '자기 자리'를 가지고 있습니다. 그 자리를 편안하고 깔끔한 상태로 유지할지, 어수선하고 불안정한 장소로 만들 것인지에 따라 삶의 충실도가 크게 달라집니다.

게다가 직장의 책상 주변은 당신만의 '자기 완결'이 가능한 공간입니다. 가족들에 의해 금방 어지럽혀지는 집과는 달리 정리한 보람이 있는 곳이지요.

사실 일과 정리는 매우 비슷합니다. 두 가지 다 '나중에 하는' 것이 아니라 '지금 당장 시작하는' 추진력과 목표 이미지대로 확실하게 끝마치는 완결력이 요구됩니다. 따라서 평소에 책상 주변을 제대로 정리해두면 추진력과 완결력이 몸에 배어 일의 실적도 높아지게 마련입니다.

책상 주변을 치울 때에는 가장 먼저 '책상은 나에게 어떤 존재인가'를 확인하는 것부터 시작하세요. 대부분의 사람들은 무심하게도 책상을 천장이나 바닥과 연결되는 풍경처럼 취급합니다. 혹은 문구 같은 것을 넣는 수납 가구라고 여깁니다.

하지만 사실은 컴퓨터와 마찬가지로 당신의 업무를 뒷받침해주는 중요한 '도구'입니다. 요즘은 각자의 책상이 지정되어 있지 않은 '프리 어드레스'를 시행하는 기업도 늘어나고 있습니다. 그날의 기분이나 업무 내용에 맞춰 알맞은 책상을 선택하는 제도로, 그야말로 책상이 '도구'로 취급됩니다.

그곳에서는 책상을 어질러놓고 퇴근하는 것은 결코 용납되지 않습니다. 당신의 사무실에서는 지정된 개인 전용 책상이 있을지도 모르겠습니다. 그렇다고 해서 그곳을 창고로 만들면 안 됩니다. 깨끗하게 정리해 당신의 성역으로 만드세요.

'사무실에 가면 기분 좋게 정리된 성역이 기다리고 있다'고 생각할 수 있다면 일하러 가는 것이 즐거워지지 않을까요? 그리고 그 성역을 유지하는 요령을 가지고 집으로 돌아가면 집도 깔끔하게 정리할 수 있습니다.

가족들이 함께 생활하는 집안에서는 정리가 마치 '끝없는 작업'처럼 느껴져 의욕을 유지하기 쉽지 않습니다. 우선은 책상 주변을 완벽하게 깨끗이 만들어 보세요.

좋았어!

Rule 16

어디서부터 손을 댈까?
어느 타이밍에 시작할까?

책상 주변을 치울 때에는 다음 순서대로 해 보세요.

1. 책상 위
2. 서랍 속
3. 발밑

구체적인 방법은 84페이지에서 설명하겠지만 책상 위에는 컴퓨터와 전화만 두고 서랍 안은 규칙에 따라 정리합니다. 그리고 발밑의 상자에 던져둔 자료 등을 재검토한 후 버립니다.

실적이 부진한 회사의 공통점이 바로 '열지 않는 상자'가 있다는 것입니다. 두 번 다시 쓸 일 없는 자료가 계속 쌓여가고 있지요. 특히 전임자로부터 물려받은 상자를 그대로 후임자에 넘겨주는 것은 최악입니다. 불필요한 것을 버리는 '당연하고도 중요한 결정'을 아무도 하지 않으니 업무가 잘 될리 없습니다.

책상 주변을 정리하는데 가장 좋은 시간은 아침 업무를 시작하기 전입니다. 아니면 점심 식사를 재빨리 마치고 오후 업무가 시작되기 전 시간대를 이용해도 좋아요. 중요한 것은 자리에 앉기 전에 선 채로 곧장 시작하는 것입니다. 앉아 버리면 스위치를 켜기가 쉽지 않습니다.

정리를 잘하는 사람과 서투른 사람의 차이는 '빠르기'에 있는데 그것은 '속도의 빠르기'가 아니라 '시간의 빠르기'입니다. 즉 중요한 것은 스피드가 아니라 타이밍. 얼마나 '즉시, 그 자리에서' 일을 하느냐가 관건입니다.

한 번 정리하는데 걸리는 시간은 길어도 15분이 좋아요. 길다고 좋은 게 아닙니다. 끝내는 시간을 정해두면 집중할 수 있습니다. 15분 만에 끝나지 않으면 며칠에 나누어 해도 괜찮습니다.

참고로 다른 사람이 보고 있는 환경도 중요하지요. 아무도 보고 있지 않으면 자기도 모르는 사이에 눈에 띄는 책을 읽거나 하게 되지만 누가 보고 있으면 좋은 의미에서 폼 잡고 열심히 하게 되니까요.

정리를 습관화하는 기업에서는 부서 내에 경쟁하는 시스템을 도입하는 경우도 있습니다. 혼자 하더라도 시간을 구분해 자기 자신과 게임을 한다는 생각으로 해 보세요.

75 min.

Rule 17

필요 없는 물건을 어떻게 정리 정돈할까?

당신의 책상 위나 서랍, 발밑 상자에 보관되어 있는 물건의 대부분은 필요 없는 것들입니다. 책상 주변을 쾌적하게 만들기 위해서는 그것들을 처분한 뒤 필요한 것들만 원상 복귀시키는 작업이 필요합니다.

저는 정리, 정돈 작업을 '리셋'이라고 부르는데 그 중에서도 정리를 철저히 시킵니다. 앞에서 설명한 것처럼 정리는 다음의 4단계로 되어 있습니다.

1. 꺼낸다.

2. 분류한다.

3. 줄인다.

4. 보관한다.

우선은 책상 위에 있는 것(컴퓨터와 전화 이외의 것)과 서랍 속에 들어 있는 것, 상자의 내용물 등을 전부 꺼냅니다. 둘 곳이 없으면 회의실 한쪽을 빌리세요. 그리고 산더미처럼 쌓인 물건들과 제대로 마주하고 '앞으로 이것을 정리하겠다'는 각오를 다져봅니다.

다음으로 가장 중요한 작업인 '분류하기'에 돌입합니다. 15분 중 10분을 여기에 쓰겠다는 마음가짐으로 하면 좋습니다. 분류하는 기준은 '사용하느냐, 사용하지 않느냐'입니다. '사용할 수 있느냐, 사용할 수 없느냐'로 생각하면 '아깝다'는 감정에 좌우되기 때문에 이 질문은 하지 않는 것을 추천합니다.

만일 '사용하느냐, 사용하지 않느냐'의 판단을 하기 어려우면 '사용했느냐, 사용하지 않았느냐'를 생각해보세요. 문구류는 직종에 따라 사용하는 것이 다르므로 쉽게 '○○는 남기라'라고 판단할 수는 없습니다. 그러므로 지난 1개월을 되돌아보며 사용했는지 사용하지 않았는지를 생각해보면 됩니다.

1개월 동안 사용하지 않았던 것을 앞으로 사용할 것이라고 생각하기는 어렵습니다. 그러므로 그것은 처분하거나 남에게 양보하면 됩니다. 그리고 사용했던 것만 서랍에 다시 넣습니다.

서류도 마찬가지입니다. 소중히 간직한 서류를 다시 사용할 확률은 6개월 후에 10퍼센트, 1년이 지나면 1퍼센트로 떨어진다는 데이터도 있습니다. '언젠가 쓸지도 모른다'는 생각에 얽매이지 않는 것이 좋습니다.

책상 위의 물건
필요 & 불필요 구분 리스트

지난 1개월 동안 사용했는지 사용하지 않았는지를 생각해 보고 리스트에 적어보세요.

사용했다	사용하지 않았다

Rule 18

더이상 어질러지지 않는 책상 배치 규칙

책상은 수납 가구가 아니라 작업 공간입니다. 그에 어울리는 상태로 정돈하는 것이 목표입니다. 앞의 Rule 17에서 설명한대로 정리했다면 이제 책상 사용법을 배워봅시다. 기본적으로 책상 위에 두어도 좋은 것은 컴퓨터와 전화뿐입니다.

그 외의 자료나 파일 등은 책상 위에서 치웁니다. 제대로 정리하면 대부분 서랍 안에 들어갈 것입니다. 다음으로 서랍 사용법을 생각해봅시다. 우선 크고 평평한 중앙의 서랍에는 아무것도 넣지 않습니다.

이 서랍은 낮에 외출하거나 자리를 뜰 때 '작업 중인 것'을 넣기 위해 일시적으로 사용합니다. 퇴근할 때 아래 칸 서랍의 제일 앞쪽 박스에 서류를 보관하고 이곳은 비워둡니다. 오른쪽 서랍은 대개 3단으로 나뉘어 있습니다.

그 위 칸 서랍에는 펜, 자, 가위, 도장 등의 문구를 넣어둡니다. 연필꽂이를 책상 위에 두는 것은 위험이 따릅니다. 만화가처럼 상당히 많은 종류의 펜을 사용하는 업무가 아닌 한, 안 쓰는 펜들이 거기로 점점 모여들기 때문이지요.

중간 칸에는 소품들을 넣습니다. 구체적으로는 명함 케이스, 책, 사전, 계산기 등입니다. 칫솔과 같은 에티켓 관련 물건도 여기에 보관합니다.

아래 칸에는 A4 사이즈에 맞춘 약 10센티 너비의 파일 박스가 5개 들어갑니다. 뒤쪽 4개의 박스에는 카탈로그 종류나 분류한 서류 파일을 보관합니다.

그리고 제일 앞쪽의 넣고 빼기 쉬운 박스에는 아까 말한 '작업 중인 것'과 '지금 진행 중'인 업무 관련 서류를 수납합니다. 퇴근할 때는 이곳에 보관하고 다음날 아침 출근하면 이곳에서 꺼내 일을 시작하는 식입니다.

중요한 것은 열었을 때 '무엇이 어디에 들어있는지'가 한

눈에 보이도록 수납하는 것입니다. 서류를 쌓아 놓는 경우는 예외입니다. 책도 제목이 적힌 책등이 보이도록 세워서 수납합니다.

문구류를 넣는 위 칸의 서랍도 물건들이 어수선하게 겹치지 않도록 합니다. 그러기 위해서라도 Rule 17의 '정리'를 통해 개수를 줄여야 할 필요가 있습니다.

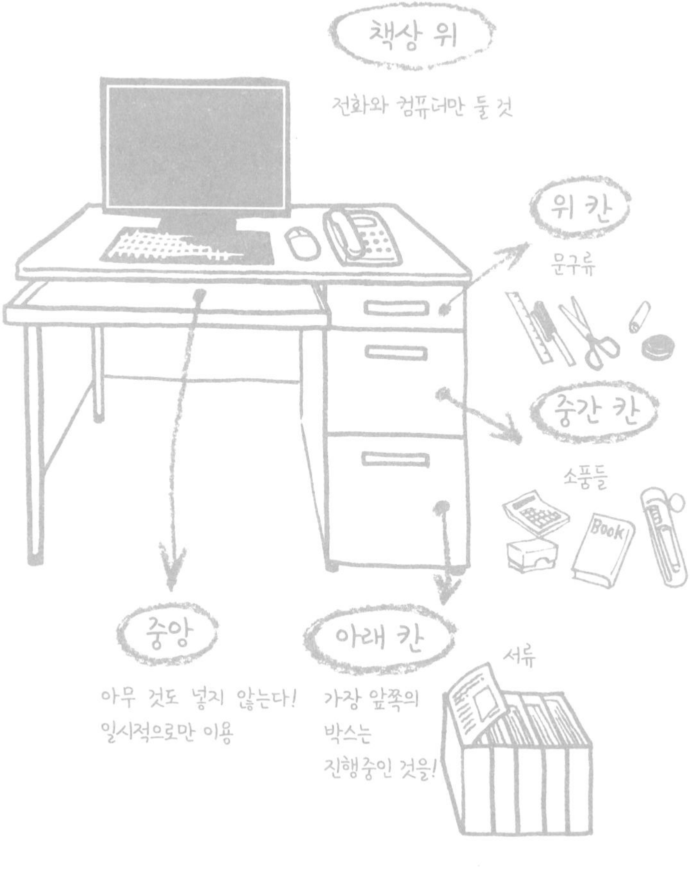
책상 위
전화와 컴퓨터만 둘 것
위 칸
문구류
중간 칸
소품들
Book
중앙
아무 것도 넣지 않는다!
일시적으로만 이용
아래 칸
서류
가장 앞쪽의
박스는
진행중인 것을!

Rule 19

서류는 '공중전'으로 처리하기

당신의 책상 주변이 어질러져 있는 가장 큰 원인은 서류입니다. 데이터화가 진행되고 있기는 하지만 여전히 서류는 그대로 쌓아두는 경향이 있습니다. 서류를 바로 버리지 못하는 것은 '만약 나중에 필요하게 되면?'이라는 두려움이 있기 때문이지요.

이럴 때 편리한 방법이 '금요일의 문서 분쇄기 상자'를 설치하는 것입니다. 발밑에 10센티 너비의 파일 박스를 하나 놓고 보관해야할지 말지 고민스러운 서류를 '버릴 것을 전제로' 일시 보관합니다.

이 상자는 금요일 퇴근 전에 비웁니다. 필요가 없었다면 문서 분쇄기에 넣고, 중요했다면 보관합니다. 아마 후자인 경우는 거의 없을 것입니다. 서류에 대해서는 평소 '공중전으로 처리'합니다. 즉 안이하게 물건을 그냥 두지 않는 습관을 기르면 됩니다.

정리를 잘하는 사람은 회의에서 나누어 주는 서류를 받는 순간부터 처분할지 PDF로 만들지 파일로 만들지 목표를 생각합니다. 그리고 회의가 끝나면 생각했던 대로 처리합니다.

중요한 것은 '일단 책상 옆에 놓지 않는 것'입니다. 한 번이라도 놓아버리면 지상전으로 끌려들어가기 마련입니다. 지상전은 장기화되는 법입니다.

놓아둔 서류는 어느새 산더미가 되고 결국엔 산맥을 형성합니다. 그 지긋지긋한 산맥을 형성한 것은 일상의 '작은 습관'입니다. 상사가 "이것 좀 체크해 줘"라고 서류를 건네면 대부분의 사람들은 일단 그것을 받아서 옆에 놓아둡니다. '나중에 차분히 하자'라고 생각하기 때문이지요.

하지만 그 정중한 태도가 결국에는 당신을 힘들게 합니다. 사실은 서류를 받은 상태에서 바로 처리해버리는 게 좋습니다. 업무도 정리도 마찬가지지만 일단 내려놓은 것은 다시 들어 올려야 합니다. 들어 올리기 위해서는 나름의 에너지가 필요하지요.

그렇지 않아도 바쁜 당신. 굳이 그런 쓸데없는 힘을 써야 하는 작업은 이제 그만!

명함 정리 잘하는 법

정리! mini column

명함 정리법은 고객으로부터 자주 받는 질문 중 하나이다. 최근에는 비즈니스맨뿐만 아니라 취미나 부업용으로 개인적인 명함을 갖고 있는 사람도 있는 것 같다. 명함 정리도 카드와 똑같이 '1군'과 '2군'으로 나누어 정리하면 좋다.

구분 기준은 비즈니스맨이라면 1개월 이내에 연락을 취했는지의 여부다. 주부들은 좀 더 기간을 늘리는 등 자기 나름대로 정하면 된다.

받은 명함은 지갑과 마찬가지로 그날 중으로 명함집에서 꺼내 우선 보관 케이스에 넣는다. 그때 가나다순이 아니라 받은 날짜순으로 구분해둔다. 1개월 후 그동안 연락을 취했는지 여부를 기준으로 정리한다.

연락을 취한 상대는 '1군' 명함 파일에 파일링한다. 연락을 취하지 않은 상대는 '2군'의 1년 보관함에 넣었다가 연말에 정리한다.

명함 정리는 '아무 생각 없이' 하는 것이 아니라 당신이 '오래 사귀고 싶은 사람이 누구인지를 생각하는' 중요한 작업이라는 점을 기억하자.

Rule 20

컴퓨터도 책상처럼 정리하자

컴퓨터도 책상과 같은 느낌으로 정리해야 합니다. 컴퓨터에 들어있는 자료의 위치는 주로 3군데입니다. 바탕화면과 하드디스크, 회사의 공유 폴더. 이 중에서 당신이 주체적으로 정리할 수 있는 것은 바탕화면과 하드디스크일 것입니다.

우선 가장 먼저 보이는 바탕화면부터 시작해보세요. 바탕화면은 실제 책상 위와 똑같으므로 최대한 깔끔하게 만들기 바랍니다.

바탕화면에 아이콘이 많으면 번잡할 뿐만 아니라 컴퓨터 실행력도 떨어집니다. 아이콘은 많아도 세로 3줄로 정리하세요. '바로가기'는 회사에서 컴퓨터를 지급받았을 때부터 딸려있는 경우가 많습니다. 그러나 하루에 한 번 밖에 쓰지 않는 것을 그냥 둘 필요는 없습니다. 여러 번 사용하는 것만 남겨두세요.

하지만 회사에서 지급된 것이니만큼 쓰레기통에 넣는 것은 망설여질 수 있습니다. 그럴 때는 바탕화면에 새 폴더를 만들어 그곳에 자주 사용하지 않는 바로가기 종류를 모아두면 됩니다.

파일은 최대한 바탕화면에 두지 말고 하드디스크의 '내문서'에 수납합니다. 이 때 내문서가 어떤 요소의 폴더로 구성되어 있느냐가 중요하지요.

당신의 업무에 대해 '어떤 폴더를 작성해야 하는가'를 한 번 적어보세요. 가능하면 4가지 정도로 나누기 바랍니다. 나는 '이노베이션', '마케팅', '관리', '클라이언트'로 나누는데, '고객 창조', '자기계발', '사무', '프라이버시' 등이 되는 사람도 있을 것입니다.

그리고 이 폴더들을 다시 3~4개로 나눕니다. 단, 트리는 3층 정도로 합니다. 그 이상이면 찾기 어려워지기 때문입니다.

저장할 때 폴더명을 어떻게 붙일 것인지도 중요합니다. 한글이나 영어로 쓰면 차례가 바뀌어 알아보기 어려우므로 숫자를 추천합니다. 그 중에서도 날짜로 정리하는 것이 최고의 방법입니다.

이벤트 등에 대해서는 개최일 날짜로 해두면 '다가오는 업무순'으로 나란히 정리할 수 있습니다.

당신의 업무에 딱 맞는 폴더를 4개 만들자

당신의 업무에는 어떤 폴더가 필요하다고 생각하나요?
아래에 적어보세요.
자신이 하고 있는 일을 돌이켜보는 계기가 되기도 합니다.

1

2

3

4

point

정리된 책상에서 재미있게 일하기!

책상 정리는
업무에 대한 동기 부여와
속도와 성과까지 높여줍니다.
책상이 깔끔하면
일도 재미있게 할 수 있지요.
책상과 마찬가지로
컴퓨터의 내용물도
깔끔하게 정리해보세요.
컴퓨터 바탕화면은
실제 책상과 마찬가지입니다.

PART 4

부엌에서 정리력 단련하기

Rule 21

냉장고는 냉장하는 곳이지 저장고가 아니다

식품은 구매하면 바로 먹어야 맛있지요. 바로 먹을 수 없다면 일단 저장해두고 최대한 신선할 때 먹습니다. 그렇게 하기 위해 냉장고가 있는 것이지요. 그런데 모두들 그러한 냉장고 본래의 목적을 잊어버리고 무심결에 냉장고에 너무 많은 것을 채워 넣는 경향이 있습니다.

식품은 사다가 차곡차곡 저장한다고 좋은 게 아닙니다. 전기요금이 낭비되고 무엇보다 냉장고는 식품 저장고가 아니기 때문입니다.

어떤 식품을 어느 칸에 넣고 냉장하는 것이 맛있는지는 모든 가정에서 대개 정해져 있을 것입니다. 가정에서 소비하는 식재료, 조미료, 음료, 매일 먹는 반찬 등은 가족의 상황에 따라 적절한 양이 정해져있습니다. 그것을 파악하고 냉장고 안에 식품을 이상적으로 넣는 방법을 확인해 두어야 합니다.

그런 후 냉장고에 저장하거나 버리는 행동의 균형을 맞춰 보세요. 최근에는 요리의 수고를 덜어주는 양념과 소스류 등 편리한 것이 많이 나와 있습니다. 그런 반가공품은 구매한 당일에는 도움이 될지 모르지만 한 번에 다 쓰지 못하는 경우에는 남은 것이 냉장고에 쌓이게 마련입니다.

바쁠 때 충동적으로 사는 경우도 있겠지만 '정리'라는 관점에서는 다소 반성의 여지가 있을 것입니다. 냉장고 정리도 기본 4단계인 '꺼내기', '분류하기', '줄이기', '보관하기'로 시작해보세요.

우선은 재료를 냉장고 밖으로 꺼냅니다. 착착 꺼내 모든 냉장 및 냉동식품을 카운터나 탁자 위에 늘어놓고 다음으로 '분류하기' 작업을 하세요.

냉장고 안의 식품만큼 정리 훈련에 적합한 것은 없습니다. 왜냐하면 냉장고 안의 식품에는 '유통기한'이 있어 판단하기 쉽기 때문입니다. 냉장고 속에 있는 것은 '유통기한이 지난 것'과 '지나지 않은 것' 2가지뿐입니다.

유통기한이 지난 것은 버리고, 지나지 않은 것은 보관하면 됩니다. 망설임 없이 '줄이기'(버리기)를 할 수 있으니 냉장고 정리를 하느라 좌절하는 경우는 드물겠지요?

우리 집 부엌이 정리되지 않는 이유는?

부엌을 깨끗하게 청소하려면 우선 정리부터 시작하세요.
당신의 부엌이 정리되지 않는 이유를 찾아봅시다.

- ☐ 정리는 하고 싶지만 바쁜데다가 매일 요리까지 하느라 힘에 부친다.
- ☐ 부엌 수납장이 가득 차서 물건이 넘친다.
- ☐ 산 물건을 일단 아무데나 놓는다.
- ☐ 산 물건을 또 사는 경우가 많다.
- ☐ 필요 없는 물건을 버리지 못한다.
- ☐ 방법을 모른다.

Rule 22

정리하지 않은 부엌은 반짝반짝 윤을 낼 수 없다

부엌을 정리하는 올바른 순서는 냉장고 → 싱크대 주변 → 부엌 수납장 → 식기장입니다. 이유는 그래야 청소가 쉬워지기 때문이지요. 예컨대 싱크대 주변에 물건이 복잡하게 있으면 닦고 윤을 내는 청소를 할 수 없습니다.

"청소와 정리의 차이를 아십니까?"

세미나에서 저는 자주 이 질문을 참가자에게 던지는데, 대체로 30퍼센트 정도가 모르겠다는 얼굴로 고개를 갸웃거립니다. 그럴 때 종종 하우스 클리닝 사업을 하는 지인에게 실제로 들은 이야기를 들려줍니다.

그는 어느 날 아침 전화로 '당장 와 달라'는 하우스 클리닝 의뢰를 받고 현장인 아파트로 직행해서 '딩동'하고 벨을 눌렀다고 합니다.

"열려 있으니 들어오세요!" 안에서 의뢰인인 듯한 여성의 목소리가 들리기에 문을 열고 안으로 들어가려다가 그는 멈춰서고 말았습니다. 현관에서 복도 그리고 그 앞에 보이는 거실과 베란다까지 바닥이 물건으로 빈틈없이 가득 덮여 있었다고 합니다.

평소라면 곧장 방으로 들어가 클리닝을 시작했겠지만 청소기가 들어가지 않았습니다. 정리가 되어 있지 않아서 청소를 할 수 없었다는 웃지 못할 이야기입니다.

청소란 '공간을 깨끗하게 하는 모든 행위'라는 인식이 일반적일지도 모르겠어요. 하지만 정리되어 있지 않은 곳에서는 청소기를 작동시킬 수 없어 쓸고 닦고 윤을 내는 청소를 할 수가 없습니다.

청소하기 이전에 치워야 합니다. 치운다는 것은 정리하고 정돈하는 것을 말합니다. 정리란 물건을 줄이는 것이고, 정돈은 물건을 사용하기 쉬운 상태로 만드는 것입니다. 우선 제대로 정리를 한 후에 정돈을 시작하는 것이 순서입니다.

또한 '청소'란 쓸고 닦고 윤을 내는 것입니다. 그 중에서도 윤을 내는 행위는 깨끗하게 닦은 곳을 윤기 내는 것이지요. 즉 정리와 정돈이 되지 않은 부엌은 윤을 낼 수 없어 늘 더러운 상태일 수밖에 없습니다.

깔끔해!

Rule 23

자주 만드는 요리를 기준으로 조리 기구 분류하기

"조리 기구가 수납장에 다 들어가지 않아요"라는 비명에 가까운 고민을 안고 사는 사람이 적지 않습니다.

냄비, 대형 냄비, 솥, 프라이팬, 달걀말이 프라이팬, 찜통, 탈수 바구니, 볼과 같은 조리 기구에서부터 냄비 집게, 주방 가위, 국자, 사각 쟁반, 집게, 깡통따개, 조리용 나무젓가락, 베이킹 도구 세트…….

마치 한없이 써내려갈 수 있을 만큼 많은 조리 기구를 정리하는 것은 어려운 문제입니다. 이것들이 정리되지 않은 채 싱크대 주변에 흩어져있으면 정리하려는 의욕도 생기지 않을뿐더러 당연한 말이지만 부엌을 윤기 나게 만들 수도 없습니다.

이 조리 기구들도 '꺼내기', '분류하기', '줄이기', '보관하기' 방법으로 치워야하는데 이 경우의 '분류하기'는 사용 빈도를 기준으로 하면 좋을 것입니다.

늘 사용하는 것, 1개월에 한 번은 사용하는 것, 지난 1년 동안 사용하지 않은 것. 그렇게 '분류하기' 작업을 하면 정말 필요한 물건이 무엇인지 알게 될 것입니다.

'베이킹'이라는 취미에 열중했던 게 몇 년 전이었던가요. 그랬던 사실조차 잊어버린 물건을 애지중지 간직할 필요는 없습니다. 다음에 새로운 취미를 즐기기 위해 그 공간을 정리하세요. 혹은 요리 솜씨가 늘어서 불필요하게 된 조리 기구도 있습니다.

요리전문가 우오쓰카 진노스케 씨의《지혜가 있는 일본의 집 일본의 음식 일본의 삶(知恵のある 和の家 和の食 和の暮らし)》(주부와 생활사)이라는 책을 읽었을 때 '코크피트 키친(cockpit kitchen)'이라는 멋진 발상이 인상적이었습니다.

포인트는 3가지입니다.

1. 필요한 것만

2. 손이 닿는 곳에

3. 입체적으로 배치한다.

이것이야말로 도구와 공간을 함께 활용할 수 있는 최고의 부엌을 만드는 개념입니다. 그런 곳이라면 요리하는 사람의 실력이 최대한으로 발휘될 것이 틀림없습니다.

그건 그렇고, 당신은 어떤 요리를 잘하나요? 어떤 요리를 자주 합니까? 그 기준이 있다면 당신에게 필요한 것이 무엇인지 저절로 정해집니다. 한 번 생각해보세요.

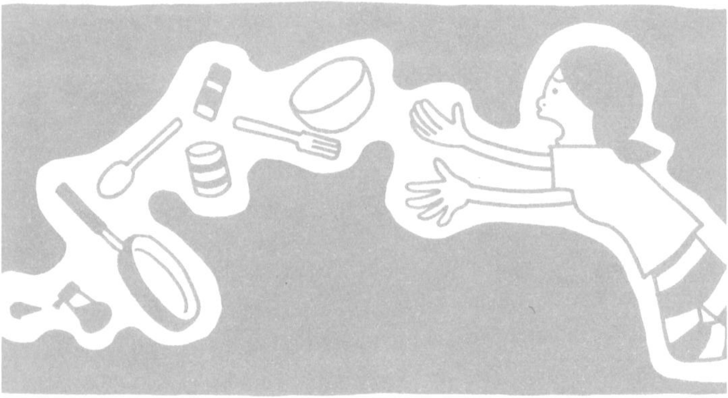

Rule 24

과소비 방지를 위한 지정 공간 만들기

물건을 너무 많이 사는 경향 때문에 고민하는 사람도 있습니다. 조심하자고 다짐하면서도 냉장고나 저장고에 쌓을 수 있는 만큼 최대한 쌓아두는 사람은 싼 물건을 좋아하는 경향이 있습니다. 세일 전단지를 보거나 때마침 슈퍼마켓에 갔는데 타임세일을 하면 '행운'이라도 얻은 듯 달려듭니다.

이런 유형의 사람은 사재기에 관한 규칙을 정해두면 과소비를 피할 수 있습니다. 어린 아이가 있다거나 병에 걸려 장을 보러 나가기 어려운 사정이 있다면 이야기는 달라지겠지만, 일단은 '오늘 저녁부터 내일 점심까지 메뉴를 정했다면 그 이상의 식재료는 사지 않는다'와 같은 나만의 규칙을 정해보세요.

"케첩이 있는지 없는지 모르니까 일단 사 두자."

"내일 아침에 갑자기 빵이 먹고 싶을지도 몰라."

사재기 유형의 사람은 이렇게 생각합니다. 고쳐야 할 부분은 바로 그 점이지요.

'없으면 곤란하잖아'라는 심리적 강박 관념이 항상 있겠지만 반대로 '없으면 다시 사면 된다'라고 생각하는 편이 부엌 정리에 좋습니다.

케첩을 새로 사왔는데 아직 남아있을 때, 문제는 둘 장소입니다. 사용 중인 것은 당연히 냉장고에 넣으면 되지만 예컨대 이중으로 샀을 경우 새 케첩은 지정 공간이 없기 때문입니다.

그런 사람은 부엌을 정리하기 이전에 수납량과 물건을 둘 곳(지정 공간)의 관계를 한 번 검토해보세요. 수납 공간과 저장용 식재료를 두는 곳(지정 공간)에 관한 규칙을 정하는 데에는 3가지 포인트가 있습니다.

저장용 식재료의 지정 공간에

1. 무엇을 둘 것인가 (한정된 공간에 들어가는 품목은 무엇인가)
2. 어느 정도 둘 것인가 (적당량은 몇 개인가)
3. 어떻게 둘 것인가 (세로로 둘 것인가, 가로로 둘 것인가, 케이스에 넣어 둘 것인가)

이것을 정해두면 항상 재고를 관리할 수 있으므로 당황할 일이 없습니다. 그리고 충동적으로 너무 많이 사는 위험을 피할 수 있지요.

많이 산 물건을 쌓아두던 장소를 다른 수납 공간으로 활용한다면 부엌을 항상 깔끔하게 정리할 수 있습니다.

꺼낸다.
으차.
분류한다.
자주 사용한다!
가끔!
필요 없다!
줄인다.
깔끔!
보관한다.

Rule 25

식기장에는 1/5의 여유 공간이 필요하다

가지고 있는 모든 식기를 빼곡하게 채워 넣은 식기장을 흔히 볼 수 있습니다. 하지만 실제로 일상생활에서 사용하는 식기는 극히 일부 아닐까요?

모든 수납은 '꺼내기', '분류하기', '줄이기', '보관하기'의 기본 동작으로 정리합니다. 식기장에서 '꺼내기'가 끝나면 그 다음으로는 자주 사용하는 '1군'과 별로 사용하지 않는 '2군'으로 나누세요.

'2군' 중에서 이가 빠졌거나 더러움이 지워지지 않는 식기는 이때 과감히 처분해도 좋습니다.

처분해야할지 말지 판단이 서지 않는 식기는 상자에 넣어 두고 1개월 정도 상태를 봅니다. 그 1개월 동안 쓸 일이 없다면 처분하세요. '2군'에 속하는 그릇을 보면 대개가 식기장 구석에서 나올 일이 없었던 것이었음을 알게 될 것입니다. 혹은 답례품으로 받은 식기 등도 차마 버리지 못해 식기장 구석으로 밀려났을 수도 있습니다.

'2군' 중의 사용 빈도가 낮은 식기에는 명절처럼 특별한 때에만 사용하는 것도 있지요. 이것들은 과감히 다른 수납 장소로 옮기는 방안도 검토해보세요. '손님용', '설날용' 등으로 라벨을 붙이고 주방과 떨어진 곳에 따로 보관합니다.

도저히 둘 곳을 찾기 어렵다면 부엌에서도 손이 닿지 않는 장소나 싱크대 밑의 수납공간 안쪽에 두어도 괜찮습니다.

그렇게 해서 새로 생긴 식기장의 빈 공간을 일상에서 효과적으로 쓸 수 있다면 공간이 훨씬 살아나게 되는 것이지요. 여유가 생긴 공간에 '1군' 그릇을 넣을 때에도 자주 사용하는 그릇은 앞쪽에, 가끔 사용하는 그릇은 뒤쪽에 넣어둡니다.

그래도 식기장이 여전히 답답한 상태라면 절대량이 너무 많다는 증거입니다. 필요한 것을 필요할 때 꺼낼 수 없으면 그릇으로서의 가치가 없습니다. 또한 그렇게 되면 짜증이 나서 정리하기 이전의 상태로 되돌아가지 않으리라는 보장도 없지요. 과감히 버리겠다는 생각을 하세요.

그릇 찾기는 주부에게 큰 스트레스입니다. 거기서 해방되는데 우선 순위를 둡니다. 식기장에는 용량의 5분의 1정도 여유가 있어야 사용하기 편리한 최적의 상태가 되지요. 이것은 부엌의 싱크대 주변 선반 등 다른 선반도 마찬가지입니다.

Rule 26

옮긴다고 물건이 줄어들지 않는다

제가 주재하는 '정리 연구회'에서는 '정리를 간단하게 하는 능력'을 훈련하고 있습니다. 이 콘셉트는 많은 사람이 느끼는 '치워도 일과성으로 끝나버린다'는 문제점에서 비롯되었습니다. 정리를 습관화하자는 것입니다.

'정리 연구회'에 참가한 사람은 종종 '정리를 간단하게 하는 능력'이란 결국 '버리는 능력'이라는 것을 실감하게 됩니다. 제가 그곳에서 엄중하게 전하는 말이 있습니다.

"정리가 단순한 물건 이동으로 끝나지 않도록 하세요."

"옮긴다고 물건이 줄어들지는 않습니다. 버린다, 집 밖으로 내보낸다고 결정한 물건에는 '유통기한'이 있다고 생각하세요. 반드시 밖으로 내보내는 기한을 정해야합니다. 가능하면 '1주일 이내'에 밖으로 내보내도록 하세요!"

부엌 정리는 일상생활에서 사용하는 식재료와 그릇과 조리 기구가 지금 자신의 생활에 얼마나 필요한지와 물건의 적정량을 보는 것입니다. 사실 그것은 자기 집의 '공간 적정량'을 볼 기회이기도 하지요.

"수납 공간이 좀 더 있는 큰 집으로 이사하면 정리 문제는 해결될 텐데"라고 자기도 모르게 불평하고 싶어질 때도 있을 것입니다. 그러나 과연 정말 그럴까요? 필요 이상으로 너무 큰 공간은 오히려 당신에게 위험 요소가 될지도 모릅니다.

"알고는 있지만 멈추지 못한다."

인간이란 마음이 해이해지면 도로아미타불이 되는 경향이 있습니다. 일상의 나쁜 습관을 '정반대 행동'으로 개선하겠다고 기껏 결심해놓고 공간을 넓힌다면 '보관하기' 이전의 '줄이기'를 건너뛰는 결과가 됩니다. 그러면 다시 원래 습관으로 되돌아갈 우려가 있습니다.

고객 중에 버리는 것을 너무 어려워하는 주부가 있었는데 마음을 독하게 먹고 불필요한 물건을 부엌 밖으로 꺼내는 데 전념했습니다. 밖으로 꺼낸 물건은 어떻게든 1주일 이내에 버리거나 팔거나 해서 정리를 습관화하는데 성공했어요. '옮긴다고 물건이 줄어들지 않는다.'라는 말을 스스로 되뇌며 노력한 결과였습니다.

"옮긴다고 물건이 줄어드는 게 아니다." 여러분도 꼭 기억하시기 바랍니다.

'물건 처분 리스트'를 만들어 보자

물건의 행선지와 처분 실행일을 리스트로 만들어봅시다. 어디로 보낼지 생각나지 않는 물건은 과감히 버릴 것을 검토하세요.

확인	물건	행선지	예정일
	커피 컵 세트	언니에게 준다	1/1(설날 귀성)

point

정리하는 능력은 결국 버리는 능력!

드디어 집안 정리입니다!
부엌 정리를 해 보니
집의 수납 공간에 따른 적당한 물건의 양이
어느 정도인지 감이 좀 잡혔나요?
정리를 하다보면
어쩔 수 없니 물건의 자리만 옮기고
그대로 방치해버리는 경우가 많습니다.
그렇게 하면 절대로 물건이 줄어들지 않아요!
1주일 내에 반드시 처리해야 합니다.

PART 5

거실이
깨끗하게 정리되는
시스템 만들기

Rule 27

유유상종!
쓰레기는 쓰레기를 부른다

아무렇게나 어질러진 거실이라면 가족 중 누구도 스스로 치울 생각을 하지 않습니다. 하지만 항상 깨끗하게 정리되어 있는 거실이라면 '더럽혀서는 안 된다'라는 마음이 들지요. 과거에 뉴욕의 지하철은 심한 낙서로 유명했는데, 당시 줄리아니 시장이 제안한 '깨진 유리창 이론'을 통해 깨끗하게 재탄생시킨 후 범죄가 크게 줄어들었습니다.

처음에는 한 장뿐이던 깨진 창문을 그대로 방치하면 부근의 창문도 깨지기 시작합니다. 결국 거리 전체가 무질서해지고 범죄가 많이 발생하는 온상이 됩니다. 줄리아니 시장은

지하철 낙서를 완전히 제거하는 것부터 시작했습니다.

거리도 마찬가지입니다. 역 앞에 주차한 자전거 바구니에 누군가가 쓰레기를 버리면 바로 연이어서 쓰레기가 쌓입니다. 처음에 던져진 쓰레기가 '오케이' 사인이 되는 것이지요. 저는 이것을 역설적으로 '어지르고 싶은 구조'라고 부릅니다.

어질러도 괜찮다는 사인이 있으면 사람들은 암묵적으로 '이곳은 어질러도 괜찮다'라고 허가받은 기분이 들기 마련입니다. 누군가가 벗어 놓은 옷, 정리되지 않고 탁자 위에 널려 있는 광고 전단지, 높이 쌓여 있는 신문, 즐비하게 늘어선 빈 페트병…….

그런 물건들이 물건을 부릅니다. 그 장본인은 당신 자신일 수도 있지요. 거실이 정리되어 있지 않으면 가족에게 마이너스 효과를 초래합니다.

흔한 예를 들어보자면, 마음이 불안하다, 몸도 마음도 쉴 수 없다, 주의가 산만해진다. 짜증이 난다, 건강이 안 좋아진다, 집중할 수 없다, 움직이고 싶지 않다(살이 찐다), 일일이 물건에 부딪힌다(위험하다), 친구를 집에 부를 수 없다, 낭비한다(물건을 못 찾아서 또 산다), 물건을 찾느라 시간을 빼앗긴다, 좋은 아이디어가 나오지 않는다, 가족 간에 말다툼이 된다, 할 의욕이 사라진다, 치워야한다는 강박관념에 사로잡힌다, 감이 무뎌진다, 창조력이 약해진다, 애인이 생기지 않는다, 친구가 생기지 않는다, 남의 탓을 한다 등이 있겠지요.

이런 마이너스 요소가 늘어난다면 '정리의 습관화'를 서둘러야만 합니다.

헉!

Rule 28

정리의 목표 이미지를 그리자

거실은 본인 외에도 가족이나 손님 등 여러 사람이 쓰는 물건이 자연스럽게 모이는 곳인 만큼 정리하기란 만만치 않은 일입니다. '정리 컨설턴트'인 저의 역할은 정리에 대한 동기 부여를 강화시켜 주는 것입니다.

하지만 정리를 싫어하는 사람들에게 무리하게 강요하는 것은 금물. '정리는 힘든 일이다'라고 인식하게 되면 동기 부여에 찬물을 끼얹게 될 수 있어요. 아주 조금씩 시작하기로 합시다. 하루에 3분, 예컨대 좋아하는 곡을 '정리의 테마곡'으로 정하고 그 곡이 흐르는 동안만 거실을 정리해보는 것부터 시작해보세요. 하루 3분이지만 며칠 만에 그 효과가 확실하게 눈에 보일 것입니다.

그래도 여전히 '귀찮다', '시시하다', '피곤하다', '의욕이 생기지 않는다'와 같은 정리를 싫어하는 감정을 불식시키지 못하는 사람에게는 권하고 싶은 방법이 있습니다. 바로 정리했을 때의 목표 이미지를 그려보는 것입니다.

정리했을 때 거실은 어떤 쾌적한 공간이 되어 있는가? 그곳에서 가족과 무엇을 하고 있는가? 나는 무엇을 시작하고 있는가? 어떤 이미지를 그리든 자유입니다.

정리가 끝나면 자신에게 좋은 일이 일어난다는 긍정적인 이미지를 그릴 수 있다면 동기 부여하기 좋습니다. 한 가지 잊지 말아야 할 것은 목표 이미지는 제3자도 알 수 있도록 구체적으로 수치화해야 한다는 것입니다. 눈에 보이는 구체적인 기준을 만들어 보세요.

'이것을 다 하면 정리 끝'이라는 것을 몇 가지 생각해둡니다. '말라버린 식물을 전부 처분한다', '거실 구석에 있는 책장의 책을 3분의 2로 줄인다', '바닥 위에는 물건이 하나도 없다'와 같은 '수치'나 '풍경(눈에 보이는 상태)'을 명확하게 해보세요. 저는 이것을 그림으로 그리라고 권하고 있습니다. 이렇게 이미지를 만들면 훨씬 더 효과적으로 정리할 수 있어요.

이 목표 이미지에 다가가려면 의식하던 하지 않던 물건을 '가지는 기준'과 '버리는 기준'을 확실하게 가져야합니다. 이것은 정리를 할 때뿐만 아니라 쇼핑을 하는 판단 기준, 그리고 남에게 물건을 받는 판단 기준도 됩니다.

무엇을 갖고 무엇을 버릴 것인가? 그 선택은 결국 하루하루 어떻게 살 것인가, 인생을 어떻게 보낼 것인가의 기준이 되기도 합니다.

정리의 목표 이미지를 그려보기

당신이 생각하는 정리의 목표 이미지를 자유롭게 그림으로 그려보세요.

Rule 29

정리가 어렵다면 공간을 작게 나눠 보자

상상해보세요. 당신은 원룸 아파트에서 혼자 살고 있는 여성입니다. 항상 직장생활과 다른 일들로 바쁜 나머지, 방은 전혀 정리가 되어있지 않은 상태라고 가정해 봅시다.

어디까지나 가상의 이야기입니다. 회사에서 일을 마치고 집으로 돌아와 원룸의 불을 켜는 순간, 휙 둘러본 방이 어질러져있다면 당신은 아마 진저리가 나도록 싫을 것입니다.

'이 정도 되면 내가 정리하는 것은 무리다'라며 그냥 될 대로 되라는 마음이 되지 않을까요?

그렇게 의욕을 잃고 마는 데에는 사실 방을 보는 시각과 크게 관련이 있습니다.

당신은 그 방을 '한 덩어리'로 보고 있지는 않은가요?

그래서 정리할 에너지를 쉽게 잃어버리는 것입니다. 이것은 당신이 살고 있는 방이 어떤 구조이든 마찬가지입니다. 장소를 한정해 '탁자 위'라는 식으로 '구분'해서 생각해봅시다. 그리고 한 곳만이라도 깨끗해진다면 지금보다 훨씬 훌륭하다고 생각을 바꿔보세요. 정리할 마음이 조금씩 되살아나는 느낌이 들지 않나요?

'1분이면 정리할 수 있는 곳을 찾아 시작한다.' 이것이 정리를 시작하게 만드는 유일한 방법입니다. 특히 물건이나 가구가 많고 정리할 부분이 많은 거실에서는 중요한 개념이지요.

시작할 때는 방의 레이아웃을 노트에 그리면서 몇 개의 구역으로 나누어 생각해보세요. 방을 2분할, 3분할, 4분할하는 방식으로 몇 등분을 해도 괜찮습니다.

방을 천장에서 내려다 봤을 때 '작은 사이즈'로 구분해봅시다. '작은 사이즈'란 5~15분 정도면 정리가 끝나는 곳을 말합니다. 욕심내서 한꺼번에 하려고 들지 말고 길어도 1시간 정도에서 그치도록 합니다. 여유를 갖고 스트레스 없이 시작하는 것이 성공의 비결입니다.

그렇게 구분한 영역을 형광펜 등으로 표시해보세요. 작게 나누면 다음에 해야 할 행동을 쉽게 알 수 있습니다. '작은 사이즈'로 방을 구분해보면 어떻게 해야 정리할 수 있는지, 사실은 자신이 이 방을 어떻게 하고 싶은지 등 그때까지는 몰랐던 사실을 신기하게 알게 되는 것이지요. 그러면 그동안 그리지 못했던 목표 이미지가 샘솟듯이 솟아납니다.

그렇게 되면 정리는 시작된 것이나 마찬가지입니다. 구분한 '작은 사이즈'의 영역에서 바로 '꺼내기', '분류하기', '줄이기', '보관하기'를 성실하게 반복해보세요.

방을 '작은 사이즈'로 나눠보기

거실을 조감도 형식으로 분할해 정리하기 쉬운 사이즈로 만들어보세요.
이렇게 종이에 그리면 쉽게 알 수 있어요.
점선으로 나눈 부분이 '작은 사이즈'입니다.

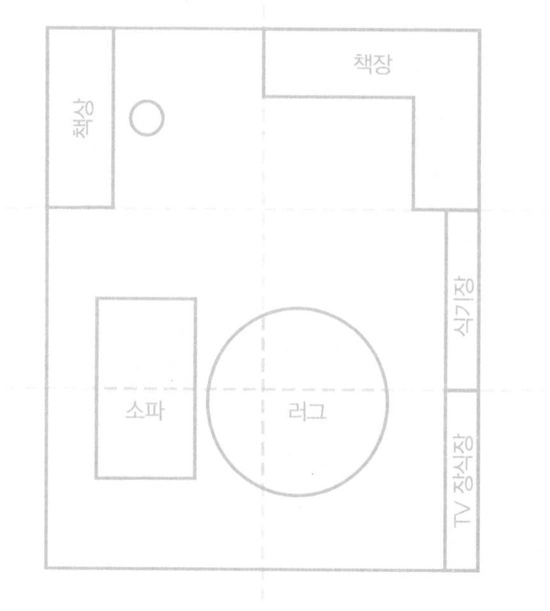

Rule 30

'저절로 정리되어 있는 장소'를 참고하자

집안 중에서도 거실은 가족들이 모이는 곳입니다. 가족들의 의식이 변하지 않으면 깨끗하게 정리되기 어렵지요. 그래도 거실 바닥이나 탁자 위는 하루 종일 아무것도 없는 상태로 리셋하는 것이 이상적입니다.

4가지 기본 동작인 '꺼내기', '분류하기', '줄이기', '보관하기'가 항상 이루어지고 있는 가정이라면 당연히 깔끔하게 유지하기 쉽지요. 그것을 하루의 목표 이미지로 삼고 가족과 공유하면 행복한 일상으로 이어집니다.

매일 한번 '깔끔한 백지 상태'가 되는 거실이라면 연말에

허둥지둥 대청소를 할 필요도 없습니다. 정리 습관은 '정리하지 않아도 되는 생활'의 기반이 되지요. 그런데 의식하지 않아도 저절로 정리되어 있는 장소가 있습니다.

저는 처음 만나는 고객에게 항상 같은 질문을 합니다. 그것은 "어디가 정리가 잘 안 되나요?"가 아니라 "정리되어 있는 곳은 어디입니까?"입니다.

그러자 어떤 남자 고객이 이렇게 대답했습니다.

"아무데도 없어요."

"그래도 어딘가 있을 텐데요."

"음……."

"현관은 정리가 잘 되어 있나요?"

"현관은 당연히 정리되어 있어요. 신발밖에 없으니까요."

"그렇다면 현관 정리는 되어 있는 것이군요."

어리둥절해진 그 사람은 자신에게도 정리할 수 있는 장소가 있다는 것을 깨닫지 못했던 것입니다.

현관 정리가 저절로 되어 있었기 때문에 자신은 '정리를 할 수 없다'고 믿고 있었지요. 결국 그 사람은 '왜 현관은 정리되어 있는가'를 생각했고 자신도 할 수 있다는 이미지를 가짐으로써 습관화에 성공할 수 있었습니다.

누구든 정리를 하고 싶어 하지 않습니다. 가능하면 매일 치우지 않아도 되는 환경과 시스템을 갖고 싶어 합니다. 그것이 가장 중요하며 거기에 정리 컨설턴트인 저의 역할이 있는 것입니다.

저절로
정리되어 있는 장소,
있나요?

Rule 31

사용한 물건을 제자리에 두는 것은 '가족에 대한 사랑'

초등학교 도덕 교과서에 '정리의 달인'이 실려 있다는 말을 지인으로부터 듣고 동종업계 라이벌이 나타났나 싶어 얼른 찾아보았습니다. 정리의 달인은 바로 '히로시의 할아버지'였습니다.

종이로 만들기 놀이를 하고 있던 초등학생 히로시는 풀이 필요해서 찾아보았지요. 분명히 여기 어디에 하나 더 있었는데……. 열심히 풀을 찾았지만 발견하지 못한 히로시는 할아버지에게 물었습니다. 그러자 할아버지는 이렇게 대답했어요.

"풀은 할아버지 방의 텔레비전 아래 두 번째 서랍의 오른쪽 끝에 있단다."

바로 그 장소에서 풀을 발견하고 감격하는 히로시에게 할아버지는 말했습니다.

"넣는 장소를 정해두고 반드시 그곳에 넣는단다."

초등학생들이 멋진 할아버지라고 우러러볼 생각을 하니 저는 기분이 좋았습니다. 그리고 '정리의 달인'을 학교에서 가르치는 일본의 미래는 밝지 않을까 하는 생각이 솔직히 들었습니다.

정리를 하면 집안의 에너지 흐름이 바뀌는 경우가 있습니다. 이를테면 어머니가 정리를 시작하면 아이들이 다 읽은 만화책을 질서정연하게 쌓아두게 된다는 이야기를 자주 듣습니다.

보는 것이 바뀌면 행동도 바뀌는 것이 인간의 심리입니다. 특히 감수성이 풍부한 아이들은 정리의 긍정적인 영향을 받기 쉽습니다. 평소와 달리 집 안이 정리된 상태가 되면 그것이 자극이 되어 자기도 모르게 반응합니다.

여럿이 모이고 항상 눈에 보이는 거실이 깨끗해지고 매일 리셋된다면 아이에게는 최고의 교육이 아닐까요? 히로시의 할아버지처럼 '물건은 제자리에', '넣어 두는 자리에 넣는다', '사용했으면 원래 자리에 갖다놓는다'라고 가르치는 것은 아이들에게 가정에서 해 줄 수 있는 훌륭한 사회 교육이 됩니다.

수납 카운슬러인 이이다 히사에 씨는 물건을 제자리에 갖다놓는 것을 '가족에 대한 사랑'이라고 표현합니다. 진정 정리의 의의를 멋지게 표현한 말입니다.

거실을 어지르는 OK 사인은?

정리 mini column

거실을 정리해도 금방 어질러질 때는 가족 중 누군가가 'OK 사인'을 보내고 있을 때이다. OK 사인이란 물건이 어질러지는 시작 사인을 말한다. '어지르기의 시작'이라고도 부른다.
이를테면 당신이 오늘 도착한 광고 전단지를 탁자 위에 두면 그 위로 물건이 쌓이고 탁자 위가 어질러지기 시작한다. 그리고 결국 거실은 무법지대가 되어간다.
단 한 장의 광고 전단지가 OK 사인이 되어 버리는 것이다. "뭐, 이 정도는 괜찮아"라고 누군가가 어지르는 것에 'OK' 사인을 보내면 가족들에게 확산된다.
그럴 때의 리셋 방법은 탁자 위를 일단 아무것도 없는 상태로 치우는 것이다. '제로' 상태로 만들면 가족이 오랜만에 깔끔함을 맛볼 수 있어 다시 정리에 대한 동기 부여가 강화된다.

Rule 32

정리를 하면 아이에게 의욕이 생긴다

거실 정리를 이야기할 때면 언제나 생각나는 고객이 있습니다. 주부 A 씨의 장남은 중학생으로 고등학교 입시를 앞두고 있었습니다. 그녀에게 받은 메일에는 남다른 각오가 엿보였습니다.

"아들이 공부할 수 있는 공간을 확보해야만 한다는 이 위기감! 이 기회를 놓치면 평생 정리하지 못할지도 모릅니다. 지금밖에 기회가 없다고 결심했어요……."

사실 A 씨의 아들은 초등학교 저학년 때까지 거실 탁자에서 공부를 했다고 합니다. 다목적용으로 특대형 탁자를 골라 구입한 것은 오래 전으로 메일에 첨부된 사진을 보니 완전히 물건들이 가득 쌓여있었습니다.

이래서야 아들이 공부를 하고 싶어도 할 수 없었겠지요. 그래서 어머니가 결심하게 되었을 테지만, 나는 그녀의 용기에 감동해 열심히 컨설팅하며 격려를 해 주었습니다.

그리고 21일째. A 씨로부터 메일이 왔습니다.

"깨끗해진 거실에서 아이가 공부를 시작했습니다. 이것은 정말 기적이에요. 그것 말고는 이 상황을 표현할 말을 모르겠어요!"

사진에는 아무것도 없는 깔끔한 탁자가 있었고 그 주변도 거짓말처럼 깨끗했습니다. 정리가 끝난 것 같았어요. A 씨의 사례는 사람, 물건, 공간이 되살아난 좋은 케이스입니다. 정리를 함으로써 세 가지가 본래의 가능성을 생생하게 발휘하기 시작한 것이지요.

새하얀 표면이 드러난 탁자는 아들의 공부 책상으로 부활했습니다. 아들은 시험 공부를 시작했다고 합니다. 어머니는 역할을 완수하고 아들에게 분명 점수를 땄을 것입니다. 이 탁자는 '유통기한'에 임박해서 아슬아슬하게 역할을 수행해낸 것이지요.

식품뿐 아니라 물건에도 모두 '유통기한'이 있습니다. 읽으려고 산 잡지는 1개월 정도, CD는 6개월 정도가 아닐까요? 다 읽고 다 들은 작품은 일단 '유통기한'이 다 된 것입니다.

식탁 겸 아들의 책상으로 구입했다는 A 씨 집 탁자의 원래 '유통기한'은 아들이 자립해서 집을 나갈 때까지입니다. 고등학교 입시 시점에서 겨우 그 역할을 하게 된 이 탁자도 분명 기뻐할 것입니다.

point

거실 정리는 최고의 교육

거실은 모든 가족이 공유하는 장소라
정리하기 매우 힘든 장소입니다.
하지만 거실이 잘 정리되면
당신의 기분도 가족들의 기분도
크게 바뀝니다.
아이가 있는 가정에서는
최고의 교육이 되기도 합니다.
거실 정리는 한 덩어리로 하지 말고
작은 사이즈로 나누는 것이 열쇠입니다.
공간을 작은 사이즈로 나누어
조금씩 진행해보세요!

PART 6

옷장은 여유있게 유지하기

Rule 33

입지 않는 옷은 커다란 '손실'

당신의 옷장 속에 들어있는 옷은 꺼내기 쉽나요? 다 입고 난 후에는 재빨리 제자리에 돌려놓을 수 있습니까? 만일 좌우의 옷을 젖히고 제자리에 돌려놓아야 한다면 '줄이기'를 고려해야 합니다.

구입한 뒤 한 번밖에 입지 않은 원피스, 산 것조차 잊어버리고 있던 블라우스, 유행이 지나버린 실루엣이 구식인 바지 정장……. 의외로 비싼 정장류가 옷장에 봉인된 듯 잠자고 있는 경우가 많습니다. 그런 옷가지를 정리할 때 당신은 어떻게 하나요?

'정리의 기본 동작' 중 제1단계는 밖으로 '꺼내기'입니다. 마음을 독하게 먹고 정리할 의류를 옷장에서 전부 밖으로 꺼내자. 그러면 줄일(버릴) 각오가 조금은 생길 것입니다.

이것을 옷장에 그대로 넣어 둔다면……. 이상하게도 그 결심이 어렵습니다. 여기서 생각해야 할 것은 '손실'이라는 관점입니다. 옷장에서 잠자고 있는 옷이 많다는 것은 수납 공간과 옷을 활용하지 못한다는 뜻입니다.

무엇보다도 그렇게 비싼 옷이 입을 기회를 얻지 못해 활용되지 못하는 현실은 아무리 생각해도 '손실'입니다.

그것을 되찾으려면 옷과 수납 공간을 되살려야 합니다. 과감히 처분하세요. 하지만 "안 입는 옷을 처분해야한다고 알고는 있지만 버리기가 어려워요."라고 말하는 사람이 세상에는 아주 많습니다.

대부분의 사람은 "과감하게 실천하기가 어렵다"라거나 "어떤 기준으로 버려야할지 망설여진다"라는 생각에 오도가도 못하는 것이 현실입니다.

세미나에 대한 감상을 말할 때도 "다음번에는 꼭 '버리는 기준'을 주제로 강연해주세요!"라는 요청이 있을 정도. '버리는 게 좋다'고 말하는 기특한 사람은 별로 없습니다. 옷을 꺼낸 후 분류하는 것이 정리의 최대 난관이라고 알려진 이유가 거기에 있습니다.

꺼낸다.
짠!
분류한다.
필요하다!
필요하지 않다!
줄인다.
보관한다.
깔끔!

Rule 34

'왜 입지 않을까' 이유를 알면 버릴 수 있다

"정리를 못하는 스타일은 아닌데, 옷 정리는 도저히 못하겠어요. 아까워서 옷을 버릴 수가 없어요." 그렇게 말하는 고객 H 씨와 나 사이에 이런 대화가 오갔습니다.

"버리지 말고 줄이면 어떨까요?"

옷 정리도 역시 기본 동작은 '꺼내기', '분류하기', '줄이기', '보관하기'입니다. 그런데 '줄이기' 위해서는 버리는 방법밖에 없다고 생각하는 사람이 의외로 많습니다.

저는 H 씨에게 '줄이기' 방법을 생각해보라고 했습니다. "줄인다는 것은 대상 장소에서 밖으로 내보낸다는 뜻입니다. 그렇다면 어떤 방법을 생각할 수 있을까요?"

"으음, 글쎄요. 친구에게 주거나 기부합니다."

"그렇군요. 그리고 중고 사이트나 플리마켓 앱에 내놓을 수도 있어요. 최근에는 옷을 위탁판매해주는 곳도 있어요. 버리는 편이 쉽고 빨라서 정리하기 쉬운 것은 틀림없지만 어렵게 시작한 정리가 중단되겠다 싶으면 줄인다는 생각으로 임해도 괜찮아요."

'줄이기' 위한 구체적인 방법은 우선 옷장 안에서 '꺼낸' 옷을 '입는 옷'과 '입지 않는 옷'으로 '구분'하는 것입니다.

'입지 않는 옷'은 다시 다음의 세 가지 종이 가방에 나누어 담으면 됩니다.

1. 재활용 등으로 내놓을 옷, 남에게 줄 옷, 중고사이트에 내놓을 옷 등
2. 쓰레기로 버릴 옷
3. 꼭 소장하고 싶은 의미 있는 옷

여성의 경우 나눌 때 주저하는 사람이 꼭 나옵니다. 그런

사람들의 상투적인 표현은 '언젠가 다시 입을지도 모른다'라는 것입니다. 그러나 지난 1년간 입지 않은 옷을 앞으로 1년 안에 입을 일은 거의 없습니다.

그것은 버리는 것에 대한 판단이 서지 않았을 때 하는 핑계일 뿐입니다. 오히려 "왜 입지 않는가?"라고 자신의 행동을 분석해보세요. 이유를 알면 버릴 용기가 생깁니다.

사놓고 입지 않는 옷, 그 이유는?

입지 않는 옷을 버리기란 어려운 일입니다.
왜 입지 않을까? 행동의 이유를 알면 결심하기도 쉬워집니다.

옷	입지 않는 이유
맥시 길이의 원피스	체형에 맞지 않고 뚱뚱해 보인다.

Rule 35

충동구매하기 쉬운 3가지 시간을 제어하자

'충동구매'는 좋은 것일까요, 나쁜 것일까요?

어느 정신과 의사는 잡지에서 이렇게 말하고 있습니다.

"충동구매를 하는 것은 나쁜 일이 아닙니다. 그런 분위기가 아니면 살 수 없는 물건도 있으니까요. 악순환이 되지 않는다면 저는 충동구매를 해도 좋다고 생각합니다."

'정리 컨설턴트'로서 저도 '충동구매'가 나쁜 것은 아니라고 생각합니다. 다만 그것이 정리에 위험 요소가 되는 것은 문제. '충동구매'는 대부분의 경우 '둘 장소'가 정해지지 않은 상태입니다.

둘 장소를 정하지 않고 구입한다는 것은 수납할 장소가 없다는 뜻입니다. 그러면 결국 바닥 위나 옷장 앞에 두게 됩니다. 그것이 계기가 되어 방이 어질러지기 시작하는 사례는 이루 헤아릴 수 없이 많습니다.

참고로 어느 잡지의 설문 조사에서 '충동구매하기 쉬운 타이밍 3'에 오른 것은 다음과 같습니다.

1. 퇴근하는 길
2. 기다리는 중
3. 인터넷 서핑 중

퇴근길에는 '스트레스 해소'를 위해, 기다리는 중에는 '심심해서 자기도 모르게'라는 그야말로 충동적인 이유에서 물건을 사는 경우가 많습니다.

퇴근길이나 사람을 기다리는 동안에는 가능하면 가게에 들어가지 않는 등 나름대로의 규칙을 만드는 것도 좋은 방법입니다.

인터넷 서핑을 2시간 이상 하는 것은 최면 상태에 들어가는 것과 같은 상태라고 합니다. 구매 버튼을 누르기 전에 샤워를 하는 등 일단 머릿속을 리셋하는 것을 추천합니다.

충동구매를 하는 사람의 대부분은 '실패하면 실내복으로 입을 수 있다'거나 '누구한테 주면 된다'라고 미리 자신을 설득합니다.

하지만 그렇게 하다보면 옷장 안의 옷은 계속 늘어납니다. 옷은 하나를 사면 반드시 하나를 버리세요. 정리를 하기 이전에 쇼핑에 관한 자신의 버릇을 구체적으로 파악하는 것이 가장 중요합니다.

꾹!

Rule 36

너무 많은 옷은 생활을 압박한다

가족과 친구들로부터 “옷을 또 샀어?”라는 말을 자주 듣는 K라는 여성이 있습니다. 느낌이 비슷한 옷을 또 사는 빈도가 높은 것이지요.

“왜 옷을 삽니까?”라고 묻자 의외의 답변이 돌아왔습니다.

“분명히 샀는데 옷이 없어져요. 이상하게도.”

농담이라 생각하며 웃고 말았지만, 사실은 웃지 못할 이야기입니다.

옷을 자주 사는 이유는 두 가지입니다. 첫째는 옷장이 정리되어 있지 않아서 산 옷을 찾을 수 없기 때문에 두 번 사는 것입니다. 둘째는 옷이 있는데도 무엇을 입을지 결정하기 어려운 날이 있기 때문입니다.

이 말을 듣고 텔레비전 광고에서 들은 말이 떠올랐다. "선택의 여지가 많으면 오히려 아무것도 선택할 수 없다." 미국 프린스턴 대학의 엘다 사피르(Eldar Shafir) 교수가 행동 경제학을 바탕으로 제창한 '결정 회피의 법칙'.

젊은 부부가 유모차를 사러 쇼핑센터에 갔는데 너무 많은 유모차를 보고는 사지 않고 돌아오는 장면이었습니다. 사실 사피르 교수는 '현상 유지의 법칙'이라는 것도 이야기합니다. "선택의 폭이 넓으면 평소와 같은 것을 선택하게 된다."

저는 이 말을 듣고 K 씨를 떠올렸습니다. 어쩌면 그녀는 갖고 있는 옷이 너무 많기 때문에 옷장 앞에서 종종 생각이 멈춰버리는 게 아닐까요? 옷을 자주 사는 것은 그 때문일지도 모릅니다.

남자들도 넥타이가 많은 사람은 와이셔츠와 코디하느라 애를 먹는 경우가 있다고 합니다. 옷과 소지품이 너무 많으면 생활의 시간과 공간을 압박하게 됩니다.

'양'과 '질'의 균형을 고려해 평소 자기만의 '옷 살 때 규칙'

을 정해두세요. 과유불급이라는 말이 있습니다. 옷장을 가득 채우는 것은 반드시 경계해야 합니다.

스스로 만드는 '옷 정리의 규칙' 5가지

1.
2.
3.
4.
5.

Rule 37

옷장의 '양'과 '질'을 유지하자

의류 수납에는 '양'과 '질'의 요소를 동시에 볼 필요가 있습니다. '양'에서는 자신의 라이프 스타일과 업무 스타일에서 어느 정도의 옷이 필요한지를 명확히 하는 것이 중요합니다.

퇴근길에, 휴일에 그냥 '싸다'는 이유로 옷을 사는 사람이 있는데 그것은 낭비로 이어집니다.

쇼핑에서 돌아와 보니 거의 같은 색상과 디자인의 옷을 이미 가지고 있었다는 웃지 못할 이야기. 아무리 정리해도 옷은 늘어나기만 합니다.

그런 사람은 옷의 '질'을 고려하도록 노력하세요. '질'이란 자신이 '마음에 드는' 옷만 애용하는 것을 말합니다. 별로 마음에 들지 않는데도 단지 비싸게 샀다는 이유로 '아까워서' 버리지 못하는 옷은 없나요?

헤어진 남자친구에게 받은 선물이라서 버리지 못하고 그냥 가지고 있는 옷이나 액세서리에 스스로 파묻혀 있지는 않나요? 그것들이 정녕 지금의 당신을 잘 살리거나 빛나게 만들어주나요? 때로는 냉정하게 자문자답해보기 바랍니다.

"옷장의 '양'은 적당한가?"

"옷장의 '질'은 잘 유지되고 있는가?"

나는 옷에 휘둘리고 있지 않은가? 그렇게 질문하는 것은 당신의 라이프 스타일을 파악하는 계기가 될 것입니다.

잠시 옷장을 조금 열고 나름대로 옷의 '양'과 '질'을 체크해 보세요. 생각할 시간은 5분이다. 그 이상은 생각하지 말기 바랍니다. 그리고 그 느낌과 깨달은 사실을 항목별로 써보세요. 써보면 새로운 깨달음이 생길 것입니다.

그 행위가 매우 중요합니다. 옷장의 상황을 파악하는 것은 앞으로도 생길지 모를 충동구매의 위험을 줄여줍니다.

옷장의 '양'과 '질'
생각한 것을 써보자!

Rule 38

옷이 아깝다면 재활용하자

옷을 좀처럼 버리지 못하는 사람들의 대부분은 이렇게 말합니다.

"아까워서……."

'아깝다'라는 말은 2000년대에 일본에서 유행어가 되기도 했습니다. 하지만 이 말의 진정한 의미를 이해하는 사람은 별로 없는 게 아닐까요? '아깝다'의 진짜 의미는 사물이 갖는 본래의 바람직한 모습이 아니라는 뜻입니다. 즉 본래 사물이 지니고 있는 목적이 이뤄지지 않은 것이지요. 옷이라면 사람이 입지 않는 상태를 본래 '아깝다'고 말합니다.

지금까지 '아깝다'라고 우리가 말하던 것은 본래의 '아깝다'라는 표현이었을까요?

우리는 이 말을 다음과 같이 사용해왔습니다.

1. 나중에 쓸 수 있으니까(아깝다)
2. 추억의 물건이라서(아깝다)
3. 비싸게 주고 샀기 때문에(아깝다)

우리는 '아깝다'라고 말하면서 그것을 핑계 삼아 사실은 심각하게 '아까운' 행위를 하고 있었던 것입니다. 옷의 바람직한 모습은 사람이 입는 것인데도 불구하고 이를 이루지 못한 채 옷을 산 돈, 옷을 보관하는 공간, 옷을 입을 기회 등 많은 것을 잃고 있습니다.

그것이야말로 옷의 가치를 살리지 못한 '아까운' 상태입니다. 필요 없는 옷을 계속 가지고 있음으로써 원래 필요한 옷과 그로 인해 다가올 수도 있는 행운을 놓치고 있었기 때문입니다.

'아깝다'는 기분이 든다면 오히려 옷을 옷장에 감춰두지 말고 그것을 입고 싶어 하는 누군가에게 양보해보세요. 서랍장이나 옷장에 소중히 간직하는 것보다는 소중히 써 줄 사람, 기뻐할 사람에게 주는 것입니다. 이렇게 하면 옷이 가치를 지니게 됩니다.

자, 당신이라면 어떤 방법으로 옷을 재활용할 수 있을까요? 어떻게 하면 지금 옷장에서 잠자고 있는 옷들이 가치를 지니게 될지 생각해보세요.

'버리지 못하는 옷' 처분 리스트

입지 않는데도 도저히 버리기 어려운 옷은 재활용으로 내놓는 것도 한 가지 방법입니다. 이 리스트를 활용하세요.

결과	옷	행선지	실행일
	90사이즈의 남자 바지	이웃인 ●●씨	△월 △일

Rule 39

인생의 단계에 어울리는 옷장 만들기

이제 남성도 가사나 육아, 간호를 당연하게 하는 시대가 되었지만, 여전히 남성에 비하면 여성은 출산, 육아, 간호 등 인생에서 자신의 생활 형태를 바꿔야하는 상황에 많이 직면합니다.

언젠가 누군가에게 '여자의 인생은 모자이크 무늬'라는 말을 들었습니다. 결혼하거나, 임신하거나, 출산으로 현장을 떠나거나, 업무에 복귀하거나, 어머니회 임원을 하거나 창업을 하기도 합니다. 그때마다 눈이 핑핑 돌 정도로 다양한 역할을 해내는 모습은 과연 '모자이크 무늬'라고 표현할 만합니다.

저는 그런 여성의 옷장도 '모자이크 무늬'라고 생각합니다. 옷은 TPO(Time, Place, Occasion의 줄임말. 시간과 장소와 상황에 맞는 옷차림을 하라는 말)에 따라 변합니다. 임부복, 유치원 행사 때 입었던 옷, 어머니회 모임에 안성맞춤이던 수수한 캐주얼복……. 그 취향 또한 한결같지 않습니다.

그 옷들은 시기가 지나면 필요 없게 되는 경우가 대부분인데 소유주인 여성에게는 추억으로 남겨 두고 싶은 물건이기도 하지요. 그러나 그것이야말로 '아까운' 것이 아닐까요? 추억을 보관하고 있던 공간을 정리하고 리셋해야만 비로소 새로운 인생의 계절을 맞이할 수 있습니다.

1장에서 이야기한 정리의 3가지 의미 – 다음 단계로 넘어가기 위해 하나의 단계에 매듭을 짓고 새로운 출발을 하는 것. 여성이야말로 그것이 필요하다고 생각합니다.

"필요 없는 옷을 넣어둔 종이 가방이 쌓였는데 어쩌면 좋을까요?"

컨설팅을 하고 있는 주부 고객으로부터 한 통의 메일을 받았습니다. 이 분은 옷을 '구분'하는데 성공한 것이지요.

더 이상 필요 없다고 판단한 옷을 재활용에 내놓으려고 결심하고 앞으로 어떻게 할지 고민하는 단계에서 던진 멋진 질문입니다.

저는 이렇게 답장했습니다.

"집에서 밖으로 내놓을 때까지는 정리가 끝난 게 아닙니다. 만일 지금 당장 내놓지 못한다면 종이 가방에 라벨을 붙이세요. 라벨에는 '○월 ○일까지 ○○ 씨에게'라는 식으로 기한과 행선지를 쓰세요. 유통기한은 1주일, 미루시면 절대 안 돼요."

종이 가방은 내버려두면 어느새 집의 풍경으로 동화되어 갑니다. 그 하나하나와 '인생에 매듭을 짓는다'는 생각을 가지고 정면승부로 정리에 임하세요. 그것이 정리 컨설턴트인 제가 추천하는 정리입니다.

point

옷장 정리로 인생에 '매듭'을 짓자

결혼과 출산, 육아 등

인생의 단계마다 요구되는 역할에

변화가 큰 여성들.

옷장도 인생의 단계 변화에 맞게 정리해서

새로운 출발을 향해 나아가면 어떨까요?

반드시 옷장에서 다 꺼낸 후

입을 옷과 입지 않을 옷으로 나누고

버릴 수 없는 것은 줄인다는 생각으로

재활용을 고려하세요.

재활용의 유통 기한은 일주일!

PART 7

리바운드는 정리의 달인이 되는 과정

◆ 리바운드(rebound) : 정리 수납 분야에서 흔히 쓰이는 용어로 정리하기 전의 상태로 되돌아가는 것을 의미한다.

Rule 40

정리 상태를 유지하는 5가지 키워드

정리하기로 결심하고, 소리 내어 선언하고, 가까운 곳부터 조금씩 시작한 정리 연습. 하지만 정작 어려운 것은 정리한 뒤 유지하는 것입니다. 정신적으로도 '다시 원래대로 돌아가는 건 아닐까?'라거나 '깨끗하게 유지하는 데 실패했을 때를 생각하면 두렵다'라고 스스로의 불안과 싸워야합니다. '리바운드에 대한 공포'입니다.

하지만 깨끗함을 유지하는 데는 요령이 있습니다. 우선 아주 사소한 것이라도 '어지르기의 OK 사인'이 될 만한 사태가 발생하면 놓치지 않고 즉시 치우는 것입니다. 거실을 깨끗하게 정리한 후 가족 중 누군가가 탁자에 놓아둔 단 하나의 빈 페트병이 OK 사인이 되어 도로 아미타불이 되는 경우가 많기 때문이지요.

그렇게 되지 않으려면 '5가지 키워드'를 평소 생활에 도입해보세요. 말 그대로 깨끗함을 유지하기 위한 다섯 개의 단어들입니다.

1. 정리

바닥에 내버려 두거나 옷장에 들어가지 않는 물건이 있다면 그 자리에서 필요한지 필요하지 않은지를 판단한다. 15초 안에 결단을 내린다.

2. 정돈

지정된 공간을 정하고 물건을 넣고 빼기 쉽게 만든다.

3. 청소

청소 도구는 바로 꺼낼 수 있는 위치에 두고 더러움이 눈에 띄면 즉시 청소!

4. 청결

정리, 정돈, 청소에 항상 유의하는 규칙과 시스템을 만든다. (예 : 옷장 안은 '80퍼센트 수납'을 항상 유지.)

5. 교육

스스로 정한 것을 반드시 지키는 습관을 만든다. 이것은 공장이나 점포 같은 데서 채용하고 있는 슬로건인데, 가정에서도 '정리 리바운드' 대책으로 효과가 있다.

이 5가지 요소는 너무나 당연한 것이어서 잊고 사는 사람이 많습니다. 원래 현장의 안전과 위생이라는 목적뿐만 아니라 작업의 효율화와 일하는 사람의 자율성을 기르는 차원에서도 효과가 이미 검증된 것입니다.

간단하지만 효과가 있어 틀림없이 정리하는 습관을 틀림없이 유지시켜 줄 것이라고 생각합니다.

◆ '80퍼센트 수납'이란 옷장 안의 공간이 20프로 비어있는 것.

정리
청소
정돈
청결
교육
!!

Rule 41

일주일에 하루는 쉬는 날 정리하지 않아도 된다

'정리 리바운드'에 빠지지 않는 중요한 비결은 첫째도 둘째도 자신에게 심한 압박을 가하지 않는 것입니다.

'정리를 마쳤으니 이제 더러움은 그냥 두고 보지 않겠다!' 라는 마음으로 주위를 체크하는 것은 약간의 압박 정도라면 효과적이지만 과도하면 정리 자체가 스트레스로 변해버립니다.

그래서 추천하고자 하는 것이 '휴일' 개념입니다. 정리를 끝낸 후 한동안은 일주일에 한 번 정리하지 않는 날을 만드세요. 1장에서 생각해 둔 '보상 이벤트'를 첫 번째 휴일에 실천하는 것도 좋은 방법입니다.

깨끗하게 정리된 방에 친구를 불러 파티를 여는 것도 좋고, 깔끔하게 정리된 방에서 그저 한가롭게 시간을 보내는 것도 좋고, 집에서 벗어나 어딘가로 나가 기분 전환을 해도 좋을 것입니다.

저도 M 씨의 '보상 이벤트'에 초대받은 적이 있습니다. '정리 기념 이벤트'라는 명목의 꽃놀이였습니다. 도내의 벚꽃 명소에 총인원 40명 이상의 관계자(가족, 친구, 지인, 손님 등)를 초대한 정리 컨설턴트 고객 역사상 최대 규모의 행사였지요.

주요 행사는 물론 벚꽃 구경이었지만 정리를 끝마친 M 씨의 의뢰로 정리 컨설턴트로서 '정리 강연'을 했습니다.

「정리 컨설턴트와의 만남! 인생을 풍요롭게 만드는 정리의 비법」

프로그램에는 부탁하지도 않은 이런 제목까지 붙어있었습니다. 그곳에 모인 사람들과의 대화도 시종일관 정리에 대한 이야기가 이어져 즐거운 분위기였습니다.

모두들 각자 정리에 대한 계기를 갖게 된 것 같았습니다. 맛있는 음식과 더불어 최고의 시간을 보냈지요. 주인공인 M

씨도 정리의 성취감을 친구들과 나눌 수 있어 멋진 하루였을 것이라 생각합니다.

좋은 의미에서 다음 정리 단계를 위한 동기 부여를 강화하는 좋은 기회가 되지 않았을까요? 아이디어를 모으면 리바운드도 두렵지 않습니다. 저도 많은 것을 배운 날이었습니다.

너무 열심히 하지 않기.

Rule 42

물건을 늘리지 않는 규칙 만들기

"스스로 정리를 시작한 후부터 거의 쇼핑을 하지 않게 됐습니다. 이유는 잘 모르겠습니다만……."

H 씨로부터 반가운 메일이 도착했습니다. 적극적으로 정리를 하면서부터 그녀 안에 조용한 변화가 생기고 있는 것 같습니다. 집 안이 깨끗해지는 것이 정리의 첫 번째 효과지만, 동시에 정신과 생활에 뜻밖의 변화가 나타난다는 점이 정리의 심오함이기도 합니다.

확실하게 정리가 습관화된 Y 씨도 충동 구매하는 버릇을 극복했습니다. 그녀는 신중을 기하자는 생각에 '쓸데없는 쇼핑을 줄이는 5가지 포인트'를 만들었습니다. 꽤나 현실적이어서 절로 미소가 나오는 규칙입니다.

1. 배가 고플 때 마트에 가지 않는다.
2. 스트레스를 쇼핑으로 해소하지 않고 다른 일로 푼다.(다른 일을 미리 찾아둔다.)
3. 쇼핑하러 나갈 때 쇼핑 리스트를 작성하고 그밖의 것은 사지 않는다.
4. 필요한 현금만 가지고 간다.
5. 물건을 수납할 공간이 있는지, 정말로 필요한 것인지 차분히 검토한다.

이런 '쇼핑 규칙'을 만들어 물건을 구매하지 않도록 노력함으로써 Y 씨는 물건을 더 이상 늘리지 않고 깔끔함을 유지하는 시스템을 만들었습니다.

또한 남으로부터 물건을 '받는' 것에 대해 생각해 두는 것도 '정리 리바운드' 대책입니다. 받는다는 행위가 반드시 플러스를 가져오는 것은 아니기 때문입니다.

사람들에게 그다지 필요없는 물건을 받음으로써 오히려 시간, 노력, 수고, 돈 등에서 마이너스를 동반하는 경우가 많습니다. 깨끗하게 정리된 방에 뜻밖의 물건이 들어와 수습하기 어려운 경우도 많지요.

특히 가구나 전자제품 등은 공간에 맞지 않을 가능성이 큽니다. 즉답을 피하고 신중히 검토하세요. 물건이 필요하지 않다면 상대에게 감사의 뜻을 전하고 정중히 거절하면 됩니다. '아깝다'고 받은 물건이 쓸모 있게 활용되리라는 보장은 없습니다.

쓸데없는 쇼핑을 하지 않기 위한
당신의 규칙을 적어보자!

Rule 43

긴 안목으로 정리 습관 유지하기

깔끔하게 정리된 상태를 오래 유지하려면 자기 나름의 규칙이 필요합니다. 거기에는 다시 어질러지는 것을 사전에 '예방'하는 것과 어질러져도 다시 원상태로 되돌려 깔끔함을 '복원'시키는 사후 관리가 있습니다.

규칙을 만드는 방법에는 포인트가 있습니다.

1. 한 공간에 한 가지 규칙.
2. 내용은 매우 간단할 것, 그리고 자신의 생활(일) 패턴에 맞을 것.

'예방'과 '복원'을 잘 조합하면 한 번 정리한 깨끗한 공간을 깔끔하게 유지할 수 있습니다. 규칙의 내용에는 장소와 물건에 따라 5가지 유형이 있습니다.

1. 구체적인 방법을 정해둔다.(예방)

갑자기 물건이 필요해지거나 갑자기 물건이 늘어났을 때의 구체적인 대책 방법. 예컨대 갑자기 손님이 와서 이불이 필요할 때는 빌립니다. 갑자기 광고 전단지가 많아지면 토요일이나 일요일 오전 중에 처분하는 시간을 정해둡니다.

2. 아이템을 사용해 외관을 정돈한다.(예방)

깔끔하게 보이도록 수납 제품의 색깔과 모양을 통일합니다.

이를테면 옷장의 옷걸이를 통일시킵니다.

3. 타이밍과 시기를 정한다.(복원)

그 시기가 지나면 처분하는 식으로 '유통기한'을 정해둡니다.

이를테면 1개월간 읽지 않은 잡지는 버립니다.

4. 수납 구역, 제한, 조건을 고려한다.(예방)

공간에 여유가 있든 없든 수납 장소와 양을 정해둡니다.

이를테면 책장에 80퍼센트 이상 수납하지 않습니다.

5. 이벤트로 만든다.(복원)

깨끗함을 유지하기 위해 시간, 장소, 상대를 정해 스케줄에 넣습니다. 이를테면 금요일 오후 6시 이후는 동료와 사무실을 정리하는 시간입니다. 자기 전에 가족과 함께 거실을 치웁니다.

1. 구체적인 방법을 정하자.

2. 아이템을 사용해 외관을 정돈한다.

3. 타이밍과 시기를 정한다.

4. 수납 구역, 제한, 조건을 고려한다.

5. 이벤트로 만든다.

Rule 44

리바운드에 빠지지 않기 위한 '느슨한 규칙'

'정리 리바운드'의 가장 좋은 예방책은 물건을 늘리지 않는 것입니다. 나름대로 물건을 '소유하는 기준'을 만들어 놓으면 안심입니다. 외출했다가 가게에서 운명적인 물건을 만났더라도 미리 정해둔 규칙이 있다면 침착하게 구매를 검토할 수 있습니다.

1. 취향

정말 좋아하는가? 정말 기분이 좋아지는 물건인가?

방의 분위기에 어울리는 색과 형태인가?

라이프 스타일에 맞는가?

2. 둘 장소

집안에 둘 장소를 확보할 수 있는가?

이것을 대신해 없앨 물건은 무엇인가?

3. 적정량

재고를 너무 많이 가지고 있지는 않은가? (재고는 하나까지만. 1개월 이내에 소비할 수 있는 분량 이상 갖지 않는 등 적정량을 파악한 후 기준을 정합니다.)

이상과 같은 포인트를 바탕으로 나름대로 '깔끔하게 유지하는 규칙'을 만드는 것도 매우 효과적입니다. 지갑 정리에서 규칙으로 정한 '영수증 정리는 다음 날로 넘기지 않는다.', 거실 정리에서 규칙으로 정한 '바닥에 물건을 두지 않는다.' 등도 포함해 일람표로 만들어두면 모든 항목에 대해 무의식적으로 행동하게 될 것입니다.

'깔끔하게 유지하는 규칙'을 만들기 위한 몇 가지 단계가 있는데, 다음과 같습니다.

1. 상황을 파악하고 자신의 행동 패턴이나 습관을 돌아본다.
2. 그 패턴이나 습관에 맞는 규칙을 만든다.
3. 앞으로 방지할 수 있는 것에 대해서 규칙을 만든다.
4. 이후 규칙을 가끔 재검토할 기회를 마련하고 리셋해 나간다.

구체적인 예를 모방하여 자기만의 규칙을 만들어보세요. 열심히 하지 않아도 되는 '느슨한 규칙'을 만들면 무리 없이 실현할 수 있어 리바운드를 막을 수 있습니다.

스스로 만드는 '옷 리바운드를 막는 규칙' 5가지

1. ________________

2. ________________

3. ________________

4. ________________

5. ________________

Rule 45

리바운드를 사전에 알아차리는 '정리 알람'

'정리할 타임을 알려주는 3가지 경고 증상'이 있습니다.

1. 짜증이 난다, 2. 찾는다, 3. 피곤하다.

이를테면 '최근 괜히 짜증이 난다'고 느꼈다면 '정리를 하라'는 메시지입니다. '어쩐지 최근 들어 물건 찾는 일이 많아졌다', '어쩐지 최근 들어 피곤한 것 같다'라고 느낄 때에도 이 증상이 '정리하라는 경고'가 아닌지 의심해보세요.

대개는 딱 맞을 것입니다. 하지만 '정리 알람'이 울린다고 한탄해서는 안됩니다. 알람이 울리기 전까지는 깨끗하게 유지되고 있었다는 뜻이므로 정리 습관이 계속된 것을 오히려 자랑스럽게 생각하세요. 괜찮습니다. 당신은 정리를 습관화하는 데 성공하고 있으니까요.

강연에서 그런 말을 했더니 한 참가자가 질문을 했습니다.

"제가 정리를 하고 있는데 가족들이 아무것도 해주지 않을 때 저도 모르게 짜증이 납니다. 그럴 때 리바운드의 위기를 느끼게 되는데, 어떻게 극복해야 할까요?"

저는 이렇게 대답했습니다.

"다 같이 정리 습관을 익힐 수 있도록 가족들을 끌어들여 함께 하는 것이 좋습니다. 정리가 가족 간의 커뮤니케이션 도구로 이용될 수도 있습니다. 정리의 놀라운 효과를 가족끼리 공유하다보면 짜증은 해소될 것입니다."

정리를 통해 커뮤니케이션이 원활해진 사례가 많습니다. 왜 정리가 되지 않는지에 대해 가족 모두에게 질문하고 원인을 밝혀 해결해보세요. 정리를 습관화하면 지금보다 훨씬 더 활기차게 생활할 수 있습니다.

무엇보다 가족 모두가 프로젝트에 임할 수 있다는 점이 매력이며, 집을 깨끗하게 만드는 난관을 극복한 결과가 눈에 보인다는 구체성도 기분 좋습니다. 가족과 함께 한다는 것만 잊지 않으면 커뮤니케이션은 틀림없이 이루어질 것입니다.

앞서 말한 '정리 연구회'의 슬로건에 '함께, 즐겁게, 간단하게!'가 있습니다. 참가자 개개인이 과거에 대처하던 방법, 즉 '고독하게, 괴롭게, 어렵게'를 벗어나자는 정리를 임하는 자세를 표현한 말입니다. 집에서 가족과 함께 정리할 때도 이런 자세를 응용할 수 있습니다.

1. 함께!

적은 양의 쓰레기 배출, 물건 이동, 종이 분쇄, 필요 없는 잡지와 신문 묶기, 물건 묶기 등의 심부름을 부탁해 '적게', '천천히' 참여하도록 만듭니다. 식사 시간에 '정리'를 대화 소재로 삼아 가족에게 일부러 '참견'을 당하는 것도 좋습니다. 어떤 방식이든 절대 강요하지 않는 것이 중요합니다.

2. 즐겁게!

사람은 '발견(찾았다!)', '발전(변했다!)', '달성(완성했다!)'이라는 세 가지 요소를 통해 즐거움을 느낍니다.

정리를 하다보면 '발견'하는 것이 많습니다. 그리운 추억의 물건이나 보물 상자 같은 것이 나와서 가족끼리 뜻밖의 커뮤니케이션을 하게 되는 경우도 있습니다. '발견'은 이를테면 게임하듯이 가족끼리 부엌용 타이머로 '15분 · 1세트' 정리 시합을 하는 것입니다. 이기거나 목표를 달성하면 즐거워집니다.

그 밖에도 가족 중 누군가가 정리를 잘하면 서로 칭찬해 주는 것도 좋아요. 그 때 비교하는 대상은 '어제의 나'입니다. 정리하기 '이전'과 '지금'을 비교해 '변화'와 '진화'를 즐기세요. '달성'을 하면 우선 보상(물건이 아닌 편이 좋다)을 합니다. 사람들을 초대하는 행사를 기획하는 경우도 있습니다. 우선은 본인이 즐겁게 정리하는 것이 대전제!

3. 간단하게!

할 수 있는 곳부터 시작하세요. 앞에서 말한 '정반대 행동'을 리스트로 만들어 가족이 다함께 3주간 시도해보세요. 리셋을 위한 정리라도 '하루·한 장소· 15분'을 기본으로 평일은 15분만. 쉬는 날이라도 2시간까지만 합니다.

Rule 46

정리 습관은 새로운 인생의 시작

리바운드를 심하게 경험한 여성 중에 B라는 사람이 있습니다. 세미나에 참가했다가 제가 주재하는 '정리 연구회'의 회원이 된 경우입니다. 그녀는 어느 쪽인가 하면, 정돈이 서투른 편이었습니다. 그러다 금세 정리 습관이 몸에 배어 '정리 연구회' 초급 코스를 무사히 마치고 중급까지 들어가 드디어 새로운 단계로 올라서려던 시기였습니다.

메일링 리스트에도 전혀 모습을 보이지 않고 연구회를 세 번 연속으로 나오지 않았어요. 네 번째에 나와서 그녀는 자포자기한 듯 입을 열었습니다.

"이제 될 대로 되라, 싶어요."

그렇게 말하는 태도는 마치 반항기의 중학생 같았습니다. 들어보니 다시 이전과 마찬가지로 방안이 발 디딜 틈도 없는 상태라고 했습니다.

저는 그 말을 듣고 생각했지요. 그녀가 스스로 정리에 실패했다는 것을 인정하도록 만들자. 그리고 다시 처음부터 시작함으로써 그녀가 다시 일어설 수 있도록 만들자.

왜냐하면 리바운드는 성장의 과정이기 때문입니다. 중학생의 반항기가 누구나 거치는 성장 과정인 것과 마찬가지로 정리 능력이 늘어났기 때문에 부하가 걸린 것입니다.

"리바운드를 절대 부끄러워하지 마세요. 다시 하면 되니까요. 중요한 것은 내가 정리를 게을리했다고 솔직하게 인정하는 거예요."

저는 B 씨에게 그렇게 말했습니다. 그러자 놀랍게도 그녀는 1개월 만에 새로운 정리를 해냈습니다. 리바운드는 충분히 있을 수 있는 일입니다. 정리하기 싫은 증후군을 숨겨 더 잘못되기보다 차라리 저항하지 말고 좌절하는 편이 좋은 때도 있습니다.

사람은 완벽하지 않습니다. 정리에 한 번 성공했다고 해서 수십 년 동안의 습관이 쉽게 고쳐지는 것은 아닙니다. 한두 번의 리바운드는 반드시 일어나게 마련입니다. 충분히 있을 수 있는 사건인 셈입니다.

잠시 멈췄더라도 사람은 나선형으로 성장할 수 있습니다. 실패했더라도 공간은 다시 정리할 수 있습니다. 자신의 세상이므로 자신의 속도대로 정리해나가면 됩니다. 정리란 자신감있고 편안한 마음으로 하는 것이 중요하니까요.

해냈다!
NEW
OLD

point

리바운드는 충분히 있을 수 있는 일!

'예방'과 '복원'의 개념을 토대로 한 느슨한 규칙과
물건 구매 규칙, 가족과 함께 하는 정리 등
리바운드를 방지하는 방법은 여러 가지입니다.
그럼에도 불구하고 리바운드 되어버렸더라도
포기하지 마세요!
한두 번의 리바운드는 충분히 있을 수 있는 일입니다.
자신의 인생을 잘 살기 위해 계속 성장합시다!

조바심 버리고 천천히 정리하기

이 책을 읽었다면 꼭 한 가지 행동만이라도 실천해보기 바랍니다. 이 책은 당신이 정리를 시작하기 위해 꼭 필요한 힌트를 담았습니다. 포인트 중 하나는 '적게 시작하는 습관화'입니다.

만일 '정리의 스위치'가 좀처럼 켜지지 않는다면 당신도 모르는 사이에 정리하는 장소나 행동을 '한 덩어리'로 너무 크게 잡고 있지는 않은지 살펴보세요. 그럴 때는 잠시 심호흡을 하고 어깨의 힘을 빼세요. 그러면 '조바심 스위치'가 해제되고 다시 한걸음 앞으로 나가게 될 것입니다.

정리가 어느 정도 진행되면 이번에는 약간의 정체감이나 동기 부여가 약화되는 경우가 생깁니다. 제가 주재하는 '정리 연구회'에는 '다른 사람과 비교하지 않는다. 비교 대상은 어제의 나'라는 슬로건이 있습니다. 정리가 잘 안 된다면 이 말을 떠올리며 노력하고 있는 자신을 칭찬해보세요.

정리하지 않아도 저절로 정리가 되는 생활, '1일 1분 정리법'으로 실현해보세요.

당신의 인생이 '정리'로 깨끗해지고 점점 빛나길!

항상 당신을 응원합니다!

고마츠 야스시

돈과 시간이 쌓이는
1일 1분 정리법

1판 1쇄 발행 2019년 1월 15일
1판 3쇄 발행 2020년 2월 10일

지은이 고마츠 야스시
옮긴이 박승희
펴낸이 정원정, 김자영
편집 홍현숙
디자인 이유진
마케팅 소요프로젝트

펴낸곳 즐거운상상
주소 서울시 중구 충무로 13 엘크루메트로시티 1811호
전화 02-706-9452
팩스 02-706-9458
전자우편 happydreampub@naver.com
페이스북 @happydreampub
출판등록 2001년 5월 7일
인쇄 천일문화사

ISBN 979-11-5536-128-3 (13590)

1NICHI1PUN! OKANEMO JIKANMO TAMARU KATAZUKENO SHUKAN
by Yasushi Komatsu